從基礎圖案到複雜人物，
專業圖文詳述技法，
手不巧也能學會。

韓國專業講師親授！

可愛造型壽司

李連華 Koya ◎ 著

高毓婷 ◎ 譯

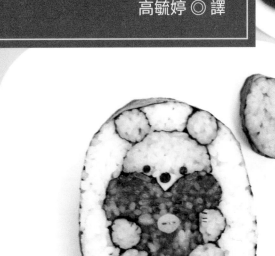

朱雀文化

序· 為生活帶來幸福的 **造型壽司**

為了將造型壽司這項食物藝術介紹給大家，兩年前我寫了《韓國專業講師親授！可愛造型壽司》。這本書出版後，我在各種展覽場合、社群媒體、講座中遇到不同讀者，聽到了許多關於造型壽司的故事，更獲得許多溫暖的打氣。藉由卡通造型壽司想改善孩子的偏食習慣、想為重要的人製作便當創造回憶等，每一個故事都是那麼的特別，但其中最令我印象深刻的，是那些想成為造型壽司專家的人的故事。

從平凡的家庭主婦到成為食物藝術家，是一段漫長的過程，我曾經苦惱，也曾面臨無數難關，所以很能感同身受。感謝培養我成為日本造型壽司協會首位韓國人獲得大師級講師資格的中村美智子（中村みちこ）老師、以食物藝術專家的身分指引我方向的鍾路料理學院（前）學院長權貴淑（音譯），以及不斷給予我鼓勵和刺激，讓我能工作和學習並重的金泰順（音譯）學院長等，因為這些人的溫暖幫助，我才能走到今天。就像我曾得到的許多幫助，我很希望這本書對於想走上美食藝術專家之路的人，能有所幫助。

第一次接觸造型壽司是在十年前，在日本。那時的我對造型壽司可說是一見鍾情，走遍各地尋找一日課程上課。剛開始只是覺得製作過程有趣、成品漂亮且新奇，但一進入學習之門，便越想自己製作獨特的作品。但因為我並非有系統地學習這項技術，不擅長應用。之後因緣際會得知日本造型壽司協會、造型壽司資格證，我遇見了中村美智子老師，經過正式學習，我終於能創作出專屬自己的獨特作品。

身為首位日本造型壽司協會大師級講師的韓國人，回到韓國後，我接到許多授課邀請，但卻還無法立刻答應。雖然造型壽司美得讓人捨不得吃，但正因為是食物，我需要時間思考「如何做得更好看、更好吃？」、「能不能再加點營養？」、「可以變化成韓式做法嗎？」等問題。這幾年，我也不斷地研究並諮詢各界老師。時至今日我能開設多種課程，並且頒發資格證、出版書籍，美食藝術更豐富了我的生活。

很多人認為食物藝術需要手巧，當然，手巧固然可以做得更好，但並非必備條件。在造型壽司時，只要知道如何按照分量秤重醋飯、裁切海苔、調整各種餡料的位置，任何人都可以創作造型壽司。本書收錄了扎實的基本內容、各種熟悉可愛的角色做法，只要跟著練習，初次製作造型壽司的新手也能輕鬆上手。本書把重點放在「造型壽司」的入門課程，以我自己的經驗為基礎，注入韓式風格、造型。我將這本專業書籍定位在入門階級，為了方便大家藉由閱讀便能理解，我以詳細的文字搭配圖片解說。希望讀者們透過親自操作每個作品，能熟悉造型壽司的原理，相信不久的將來一定能成為可獨創作品的專家。

最後，我要感謝默默支持、幫助我的家人和朋友，謝謝你們讓我在養育兩個孩子的同時，還能堅持自己的道路。願意在我做好的壽司上一起貼上眼睛、鼻子、嘴巴，因為家人的陪伴，我才能進步。每當想不出新的造型角色時，就會藉用孩子們的想像力；當身心疲憊時，先生會守護在我身邊。另外，我要向家人、親戚朋友們傳達感謝與愛意，還有在天堂閱讀我的書的爸爸，彷彿能看到您為我出了第二本書而高興。我過得很好，希望爸爸不要擔心，在天堂要幸福喔！

製作造型壽司時，我總是抱著「想做出簡單又美味」的心態製作，對於享用料理的人來說，希望能讓他們吃得開心，在悲傷時能成為安慰心靈的料理，並能透過這些造型壽司感受到平凡日常中的小確幸，讓生活更豐富。最後，衷心期望閱讀這本書的人感到喜悅，或是成為某些人的人生轉捩點，畢竟我也曾經如此改變了自己。

李連華

目錄 Contents

Before
製作前看這裡

Part
1 基礎入門

Part 2 中級進階

Part 4 造型海苔飯捲資格與作品

製作書中食譜前，請先閱讀以下注意事項：

· 目錄品項中有加「※」的壽司捲，有 QR CODE 可觀看，請見作品頁面。
· 基本工具＝「電子秤、壽司竹簾、抹布、刀具、剪刀、砧板＆薄砧板或尺、手套等」，應隨時備齊。
· 海苔 1 張的尺寸是長 19cm× 寬 10cm，食材的長度請全部調整爲 10cm。
· 務必確認每道食譜上寫的分量（ｇ）和長度（cm），才能做出完成度高的壽司。
· 未標明分量（ｇ）的材料是不足 1g 的「少量」材料，操作時，建議一邊確認壽司的顏色，再一點點加進去，調出想要的醋飯顏色。
· 書中介紹的是最基本的食譜，熟悉製作造型壽司後，便可盡情地運用各種材料發揮創意。

Before
製作前
看這裡

什麼是造型壽司?

　　造型壽司源自於日本,由於色彩繽紛、造型小巧可愛而吸引衆人的目光。造型壽司在日本被稱爲「デコ寿司(デコずし)」,甚至還有專門的比賽,是食物藝術的領域之一。最早只是一種單純的興趣、愛好,但現在不只日本,許多國家都有不少造型壽司愛好者。因此,爲了培養專業講師,日本造型壽司協會積極展開活動、舉辦比賽,並頒發資格證照。而在韓國,造型壽司比賽則由韓國藝術名人協會、國際食物藝術協會主辦,並由韓國職業能力開發院頒發「藝術造型飯捲」證照。

　　一般的韓國海苔飯捲,會將拌入芝麻油、鹽的米飯,放在海苔上鋪開,再放入餡料捲成一卷,但造型壽司則不同。首先,需在白飯中加入以砂糖、醋和鹽混合而成的調合醋,做成醋飯,然後在醋飯中加入甜菜根粉、梔子色粉、菠菜粉等天然粉末,將飯粒染色,並加入多種食材,增添味道和營養。做出顏色和味道十分多樣的醋飯後,分成不同大小和形狀,再以海苔塑形組合,切片後剖面就會出現一個造型角色,便是獨特的造型壽司。

　　大多數人以爲必須具備高超的技術、手藝極巧才能做到,其實不然,只要學會幾種簡單的技巧,卽使是小學生,完成可愛的造型壽司一點都不難。書中除了基本工具的用法,更毫無保留地分享製作造型壽司的知識與祕訣,希望能幫助初學者無礙地完成各款造型壽司。期盼讀者們在塑造可愛角色的過程中,能充分感受到快樂,並從中獲得身心的療癒。

認識工具&材料

工具 這裡要介紹製作造型壽司時使用的工具，大多以最基本的工具為主，建議讀者盡量全部備齊。除此之外，還可以另外準備其他幾種輔助工具，更能事半功倍。

基本工具‧電子秤

用於計量材料。造型壽司首先從計量醋飯開始，為了完成精準造型的壽司，必須準確計算各部分使用的醋飯。另外，除了造型壽司之外，無論做哪種料理，正確測量都很重要，所以最好備妥以 g（克、公克）為單位的電子秤。

基本工具‧刀具

用於備料或切片已完成的造型壽司。切醋飯時，建議用刀刃薄且長的刀子；做造型時，最好使用小水果刀。造型壽司與一般的海苔飯捲不同，飯粒具有黏性，操作時刀身務必沾點水再切，便能輕鬆切下。

基本工具‧剪刀

剪食材時使用。大剪刀用來剪包醋飯用的海苔，小剪刀用於剪出眼睛、鼻子、嘴巴、鬍鬚等裝飾用的海苔。剪刀比刀具更容易受污染，因此使用後，一定要洗淨且晾乾。

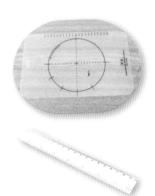

基本工具‧砧板&薄砧板或尺

製作造型壽司時墊在下面，用以測量海苔和餡料的長度、寬度。準備尺寸充足的砧板，使海苔連接在一起後不會超出砧板之外，並在上面放上標有刻度表的薄砧板即可。操作時，材料的長度、寬度對作品的完成度有很大影響，讀者們要盡量按照書上標示的數值準備。如果手邊沒有標示刻度的薄砧板，也可以使用尺來測量長度與寬度。

基本工具・壽司竹簾

製作造型壽司時不可或缺的壽司竹簾。主要用於捲起醋飯或塑形，切壽司時也會用到。通常有多種大小可以選擇，但以使用上來說，10cm×13cm 的迷你壽司竹簾比較方便。使用壽司竹簾時，綠色那面朝上放好，再鋪上海苔或飯，然後將有綁繩的一端，放在遠離身體的方向，捲壽司時繩子才不會被捲進去。使用過的壽司竹簾可以用荣瓜布仔細洗淨，放在通風良好的地方晾乾，才能持久使用。

基本工具・抹布

要準備 2 條濕抹布和 1 條乾抹布。一條濕抹布用於擦拭切壽司後黏在刀上的飯粒，另一條則用在當完成的壽司水氣乾掉時，可以稍微浸濕表面，使其變得鬆軟。壽司的水分過乾時切起來會不漂亮，因此切片之前，一定要確認。乾抹布是用在擦拭掉落的海苔屑等。

基本工具・塑膠手套

可以兼顧個人衛生、方便製作造型壽司的工具。與放入芝麻油調味的一般海苔飯捲不同，造型壽司只會拌入調和醋，因此飯粒的黏性較大。徒手製作的話，手上會沾黏許多飯粒，操作很不方便，這時只要戴上塑膠手套，黏性比較小，比較容易操作。此外，建議使用具有厚度、單面有凹凸花紋的塑膠手套爲佳。

鑷子、竹籤

鑷子用於夾取造型角色的眼睛，或是腮紅等小配件做裝飾。用鑷子比用手指捏取更方便、衛生，使作品呈現得更細緻。另外，當海苔片小到難以使用鑷子夾起時，則可以用竹籤貼附，或用竹籤沾取蕃茄醬做腮紅。用竹籤沾海苔時，先在尖端處沾取少量的水，再輕輕戳取海苔，即可輕鬆黏貼到想要的位置。

海苔打洞器

裝飾造型壽司時使用的工具。在打洞器之間放入海苔，按壓後可裁切出造型海苔，使人物的五官表情更乾淨俐落。可從網路上或百元商店購入，如果沒有海苔打洞器，也可以用剪刀將海苔剪出需要的形狀後使用。

吸管

裝飾造型壽司時使用的工具。使用直徑 1cm、0.7cm、0.5cm 等各種大小的吸管，不僅可以做出眼睛、鼻子、嘴巴、腮紅等臉部造型，還可以表現出鈕釦或花紋等。彎曲或按壓吸管，就可以做出橢圓形、三角形、水滴形等。

貼心小祕訣

不同直徑的吸管種類

直徑	吸管	直徑	吸管
1cm	冰沙用	0.7cm	一般咖啡用
0.5cm	兒童牛奶用	0.2cm	養樂多用

材料　　這個單元要介紹製作造型壽司時的主要材料，除了最基本的米飯、海苔以外，還收錄了我經常使用的材料，也可以依照自己的喜好，或者家中冰箱內已有的食材隨意替換。使用各種顏色和形狀的食材，就能完成更多樣的造型壽司。

玉子燒（雞蛋捲）

切成適當的大小使用，或者切碎後混在醋飯中。玉子燒是表現黃色的材料，所以只放雞蛋製作，重點是要煎得比一般尺寸更厚。在製作玉子燒前，要先確認長度、寬度後再煎。相較於平日當小菜吃的玉子燒，在造型壽司中，使用平滑的壽司用玉子燒更佳。取雞蛋放入濾網過濾 1～2 次，濾掉蛋筋，放入少許砂糖和料酒，即可製作出柔軟甜美的玉子燒。若加入日式醬油（つゆ）或昆布高湯（或牛奶），更能增添玉子燒的風味。

魚肉腸

不同品牌的魚肉腸顏色、直徑和長度都不同。與其選擇特定的品牌，建議根據造型角色的形狀、顏色，選擇最適當的使用。

Tip! 購買魚肉腸時，先確認重量（g、克），就可以知道大略的直徑。

15g　　20g　　20g
11cm　10cm　8cm

起司片

起司片通常切成對半或三等分使用，也會視作品切成需要的大小使用，或用吸管壓出圓片，用來裝飾醋飯。市售起司片有黃色和偏白色的，只要選擇適合造型角色的使用即可。

火腿片

火腿片可以捲起來，也可以切成想要的大小，或者摺疊起來使用。和起司片一樣，也可以用吸管壓出圓片，裝飾造型壽司。

豆竹輪＆白色魚板

這是以魚漿炸過後製成的魚糕產品，在使用前，可先用滾水汆燙一下，充分冷卻後再使用。做好這樣的前置處理，可以去除多餘的油脂，以及特有的魚糕腥味。造型壽司大多使用圓柱狀的豆竹輪，以及白色魚板。豆竹輪的中間是空心的，主要用於製作把手，而白色魚板則多用於表現人的身體，或是汽車窗戶等。

小黃瓜

增添綠色和清脆口感的小黃瓜，切成 10cm 長後，撒上鹽稍微醃漬後使用。醃好的小黃瓜要完全擦乾水分，才能避免醋飯變黏膩。

蟹味棒（蟳味棒）＆紅蟳條（蟹肉條）

可在醋飯中加入蟹味棒和紅蟳條提味。剝開紅色外皮，分成紅色和白色部分，撕碎或剁碎使用，主要使用白色部分。雖然蟹味棒或紅蟳條都可以使用，但紅蟳條滋味比蟹味棒更豐富。

貼心小祕訣

這樣使用蟹味棒

輕輕按壓蟹味棒的邊角處，剝去紅色皮後使用。紅蟳條也是同樣的使用方法。

燉牛蒡

經常用來表現人物的眼睛或鼻子。可以使用市面上銷售的飯捲專用牛蒡罐頭，或者自己燉牛蒡使用。

醬油醃蘿蔔

和燉牛蒡一樣，用於表現人物的眼睛、鼻子，或製作樹枝。黃色醃蘿蔔一般是切碎後加入醋飯中調色，但醬油醃蘿蔔還可以用在裝飾，使用範圍更廣。醃蘿蔔的酸甜滋味加上醬油的鹹香味，更能提升食慾。

貼心小祕訣

製作醬油醃蘿蔔

取一個容器，放入醬油20g、調和醋25g、糖漿40g、水30g攪拌均勻，即成醃醬。將切成細條的醃黃蘿蔔片放入醃醬中，醃一天以上即可。醃醬的鹹度和甜度，可依照自己的喜好調整水、糖漿的分量。

-13-

製作基本醋飯

煮飯的方法

　　製作造型壽司，最重要的一步在於「煮飯」。白飯煮得是否可口，可以說決定了醋飯的品質。不過，倒不需要使用特別的米或高品質的米，用平常在家吃的米煮就行。煮飯是否成功，水量的調整是關鍵，所以一定要確認好分量後再煮。

材料

生米 1 杯、水 1 杯（米：水＝ 1：1）

製作流程

1 備妥生米和水。在相同大小的容器中各倒入生米和水，按 1：1 的比例準備好。

Tip! 因為之後要加入調和醋攪拌，所以比起一般煮飯，最好少加點水，煮成稍硬的飯較佳。

2 生米洗淨後瀝乾水分，倒入製作流程 1 中備好的水。

Tip! 製作壽司時不需泡米，直接煮飯即可。

3 按照自家電鍋的型號煮好飯就完成了。

製作調和醋

接下來要介紹製作醋飯中不可或缺的「調和醋」的方法。只要在醋中加入砂糖和鹽,就能輕鬆完成。如果覺得自己做很麻煩的話,也可以使用市面上販售的壽司醋、醋飯醬汁。

材料

白醋 3 大匙、砂糖 2 大匙、鹽 1 小匙

製作流程

1

將白醋、砂糖和鹽加入小鍋中攪拌。

Tip! 也可以依據個人喜好調整白醋、砂糖、鹽的量。

2

3

開火稍微加熱,使砂糖和鹽完全溶解。

完全溶解後,放置充分冷卻,調和醋就完成囉!

Tip! 可以事先做好調和醋,密封後放入冰箱保存,要使用時取出即可,非常方便。

　　備妥美味的白飯、調和醋後，就可以開始製作醋飯了。當飯還是熱騰騰時，加入液態的調和醋混合，可以使調和醋充分地滲入飯粒中。操作時，在剛煮好的熱飯中加入調和醋，立起飯勺，像用刀切般拌勻，拌好後充分冷卻，即可做出美味可口的醋飯。

 材料

白飯 600g、調合醋 60g（白飯：調和醋＝ 10：1）

 製作流程

取一個空碗，放在電子秤上歸零。

秤好600g剛煮好的熱飯。

將熱飯倒入寬大的碗中，薄薄鋪開。

將調和醋均勻淋在熱飯上。

立起飯勺，像切飯一樣拌勻。要打散結成糰的飯，仔細拌勻，使積在底部的調和醋能完全被飯粒吸收。

Tip! 過度攪拌的話，飯會變得像年糕一樣黏糊糊。產生黏性的飯粒在海苔上不易鋪開，所以不要攪拌太久。

熱飯與調和醋混勻後，在寬大的碗中薄薄鋪開，使其充分冷卻。

Tip! 剛拌勻的醋飯非常軟，很難操作，所以要充分冷卻後再使用，適當的黏度能讓醋飯更易捏成糰。

7

醋飯充分冷卻後，為了避免水分乾掉，可以用濕棉布或保鮮膜蓋住。

貼心小祕訣

調和醋比例表

白飯（g）	調和醋（g）
150g	15g
300g	30g
600g	60g
900g	90g

貼心小祕訣

如果孩童不吃醋飯怎麼辦？

有些小孩子不喜歡醋飯的酸味，這種時候，可以像製作普通的海苔飯捲那樣，拌入一些芝麻油和鹽試試。不過要注意，飯裡如果放太多油的話，飯粒比較不容易黏在一起，會難以塑形，建議只拌入少量芝麻油即可。

飯量測量法

想要做出更完美的造型壽司，最重要的是正確測量醋飯的分量。在一定尺寸的海苔上放入不同分量的醋飯，做出來的形狀就會有所不同。想成功做出造型壽司，電子秤絕對不可少。

製作流程

1

將電子秤的刻度歸零。

2

按照食譜標示的克數（g），取適量醋飯測量重量。

3

製作造型壽司之前要正確測量，準備好各個部位的分量即可。

Tip! 用保鮮膜蓋住量好的醋飯，不可讓水分流失。

製作彩色醋飯

用天然粉末製作彩色調和醋

　　想要用醋飯表現造型圖案需要多種顏色。當然也可以利用黑米（黑色）、糙米（棕色）、紅麴米（粉紅色）等增加顏色，但為了調出更多元的色彩，建議使用天然粉末。雖然天然粉末的顯色力沒有人工色素那麼好，但具有特殊的淡色感，而且更有益健康，因此推薦給讀者們使用。

① 藍栀子色粉
② 紫薯粉
③ 甜菜根粉
④ 菠菜粉
⑤ 栀子色粉
⑥ 白芝麻
⑦ 黑芝麻

貼心小祕訣

最常使用的甜菜根粉和栀子色粉

＋ 甜菜根粉
甜菜根粉可以製作出多種顏色的醋飯，從淺粉紅到深紫紅色都沒問題。甜菜根又被稱為「紅菜頭」，有著清脆的口感和豐富的營養成分，其特有的紅色經常被用於沙拉等各種料理中。甜菜根中含有名為甜菜鹼（Betaine）的成分，含量是蕃茄的 8 倍，具有抗氧化作用，可預防癌症、緩解肺炎等發炎症狀。

＋ 栀子色粉
栀子色粉可以做出黃色的醋飯。栀子果實被當作中藥材使用，有助於改善體內的熱等相關症狀。栀子的主要成分「類黃酮（Flavonoid，又稱黃酮類化合物）」有解熱鎮定的效果，因此有助於穩定身心。

• 用梔子色粉製作彩色調和醋

碗中倒入調和醋 20g、梔子色粉 4g，均勻攪拌至不結塊即可。

Tip! 如果時間充裕，可將調和醋、梔子色粉混合均勻至無結塊，密封保存，放置一天以上，粉末會
自然溶解，可以製作出像顏料一樣美麗的梔子醋。

• 製作多種顏色的調和醋

用製作梔子醋的方法，試試各種顏色的調和醋吧！事先做好各種顏色的調和醋，方便隨時取
用。不過要注意，這裡的白芝麻、黑芝麻不會加入調和醋中，而是磨碎成粉後，混合於醋飯
中使用。

製作彩色醋飯

　　做好彩色調和醋後，接下來加入醋飯中，就能做出五顏六色的醋飯了！在醋飯中加入少量彩色調和醋均勻混合就完成了。這裡要注意的是，飯粒如果碎掉醋飯會變軟，所以混合時要小心，不要弄碎飯粒。

醋飯中加入少量甜菜根醋。

加一點調和醋，就能讓飯粒染色更均勻。

戴上塑膠手套，輕輕攪拌揉散結成糰的醋飯。

當所有飯粒都染上顏色就完成了。

貼心小祕訣

創造出自己想要的色彩

依醋飯中加入的彩色調和醋多寡，可以調製出各種顏色的醋飯。甜菜根醋可以調出從淡粉紅色到深粉紅色；梔子醋可調出檸檬色到迎春花色；藍梔子醋則從天藍色到藍色等，按照不同比例，可以表現出多種顏色。另外，把甜菜根醋和梔子醋混合，可以調出橘色。就像在顏料中加水調整濃度一樣，嘗試做出各種顏色的醋飯吧！比起一次就加入過多的彩色調和醋，一點一點地慢慢加入，慢慢加深顏色，顯色更佳。

用多種方法上色醋飯

　　如果只是看起來漂亮，但風味不佳或營養價值低，就不適合製作造型壽司。這裡我要介紹能讓醋飯顏色更漂亮，而且美味可口、可爲健康加分的方法。

　　在幫醋飯上色時，加入少量調合醋或美乃滋、芝麻油等，可使飯粒染色時，顏色分布更均勻，成品顯色更棒。讀者們可以參照以下製作流程操作，熟悉後，也可以加入自己喜歡的材料，變化出更多造型壽司。

• 白色：蟹味棒醃嫩薑（壽司薑片）醋飯

準備醋飯 60g ＋切碎的蟹味棒白色部分 40g ＋切碎的醃嫩薑 5g。

Tip! 如果家中小孩不吃醃嫩薑，可以使用搗碎的醃白蘿蔔片代替。

所有材料放入醋飯中小心混勻，使飯粒不碎裂。

各種材料均勻混合後呈現白色，美味又營養的蟹味棒醃嫩薑醋飯就完成了。

• 黃色：雞蛋醃黃蘿蔔醋飯

準備醋飯 60g ＋切碎的玉子燒 20g ＋切碎的醃黃蘿蔔 10g ＋少量梔子醋。

所有材料放入醋飯中小心混勻，使飯粒不碎裂。

各種材料均勻混合後呈現黃色，美味又營養的雞蛋醃黃蘿蔔醋飯就完成了。

• 粉紅色：蟹味棒醃白蘿蔔醋飯

準備醋飯 60g ＋切碎的蟹味棒白色部分 30g ＋切碎的醃白蘿蔔片 10g ＋切碎的醃嫩薑 5g ＋甜菜根醋少量。

所有材料放入醋飯中小心混勻，使飯粒不碎裂。

各種材料均勻混合後呈現粉紅色，美味又營養的蟹味棒醃白蘿蔔醋飯就完成了。

• 紅色：魚卵（蝦卵）醃嫩薑醋飯

準備醋飯 60g ＋紅色魚卵 30g ＋切碎的醃嫩薑 5g ＋大量甜菜根醋。

Tip! 製作紅色醋飯時，必須加入比製作粉紅色醋飯時更多的甜菜根醋，讓紅色更深。

所有材料放入醋飯中小心混勻，使飯粒不碎裂。

各種材料均勻混合後呈現紅色，美味又營養的魚卵醃嫩薑醋飯就完成了。

● 橘色：魚卵醋飯

準備醋飯 40g ＋紅色魚卵 30g ＋梔子醋少量。

所有材料放入醋飯中小心混勻，使飯粒不碎裂。

各種材料均勻混合後呈現橘色，美味又營養豐富的魚卵醋飯就完成了。

Tip! 如果沒有紅色魚卵的話，請混合甜菜根醋和梔子醋調出橘色。

Tip! 如果魚卵的腥味比較重，請加入少量的美乃滋混合。美乃滋除了可以除去腥味以外，還會讓味道更加柔和香甜。

● 綠色：海苔菠菜醋飯

準備醋飯 60g ＋切碎的蟹味棒白色部分 30g ＋海苔粉 5g ＋菠菜醋少量＋美乃滋少量。

所有材料放入醋飯中小心混勻，使飯粒不碎裂。

各種材料均勻混合後呈現綠色，美味又營養豐富的海苔菠菜醋飯就完成了。

• 藍色：藍梔子蟹味棒醋飯

1 準備醋飯 60g ＋切碎的蟹味棒白色部分 30g ＋切碎的醃白蘿蔔片 10g ＋藍梔子醋少量。

Tip! 藍色較難以增進食慾，建議加入極少量的藍梔子醋即可。

2 所有材料放入醋飯中小心混勻，使飯粒不碎裂。

3 各種材料均勻混合後呈現藍色，美味又營養的藍梔子蟹味棒醋飯就完成了。

• 棕色：白芝麻糙米飯

1 準備糙米飯 60g ＋白芝麻粉 15g ＋鰹魚粉 5g ＋美乃滋少量。

 Tip! 煮糙米飯時加入一些糯糙米（糯米稻穀脫殼後得到的是糯糙米），吃起來口感會更柔和。

 Tip! 若在糯糙米飯中加入調和醋，飯會變得太濕軟，製作造型壽司時較不方便，因此建議增加白芝麻粉的量，或多放一點鰹魚粉。

2 所有材料放入糙米飯中小心混勻，使飯粒不碎裂。

3 各種材料均勻混合後呈現棕色，美味又營養的白芝麻糙米飯就完成了。

• 黑色：黑米海苔飯

準備黑米飯 60g ＋黑芝麻粉 15g ＋海苔粉 10g ＋芝麻油少量。

所有材料放入黑米飯中小心混勻，使飯粒不碎裂。

各種材料均勻混合後呈現黑色，美味又營養的黑米海苔飯就完成了。

 Tip! 若在黑米飯中加入調和醋，飯會變得太濕軟，製作造型壽司時較不方便，因此建議增加黑芝麻粉的量，或多放一點海苔粉。

【貼心小祕訣】

可以帶出顏色的食材

紅色	橘色	黃色	綠色	粉紅色	白色	黑色
紅甜椒	胡蘿蔔	雞蛋絲	小黃瓜	粉紅色熱狗	白色起司	海苔
小蕃茄	橘甜椒	黃甜椒	綠花椰菜	火腿片	水煮蛋白	黑芝麻粉
蟹味棒（紅色部分）	南瓜粉	水煮蛋黃	菊苣	維也納香腸	蟹味棒（白色部分）	
蕃茄醬		黃色起司	海苔粉			
紅色魚卵		黃色魚卵				
甜菜根粉		梔子粉				

製作外型漂亮的造型壽司前，首先要考慮味道和營養。建議在保持色彩的同時，尋找口感和營養兼具的食材，靈活做出各種造型。

認識海苔&壽司

準備海苔

　　製作造型壽司時，建議使用厚片海苔。不過，不需特別使用壽司用海苔，用市面上販售的海苔飯捲專用海苔就可以了。

造型壽司中使用的海苔尺寸，一般是長 21cm、寬 19cm 的海苔，但通常不會直接使用這個尺寸，而是切一半後使用。在造型壽司中，將切成一半的海苔稱為「海苔 1 張」。

正面

背面

海苔有正面、背面之分。正面光滑且有光澤，背面粗糙且沒有光澤。做壽司時，要把海苔粗糙的背面朝上，因為接觸面粗糙，飯粒才能輕易黏在海苔上。

• 裁切海苔

裁切海苔，使符合飯量多寡。切海苔時，可以把海苔對摺後再用手撕開，或者用剪刀剪開，即可輕鬆裁切。裁切前，要先確認食譜所需的海苔尺寸，提前備妥，製作造型壽司時更事半功倍。

• 延長海苔的長度

如果造型壽司太厚，無法只用 1 張海苔就包住全部的醋飯時，可以取 1 張海苔和 1/3 張海苔，連接起來使用。在 1 張海苔的末端黏上兩顆飯粒，揉開飯粒至透明狀，放上 1/3 張海苔貼合，兩張海苔之間重疊大約 1cm，即可輕鬆延長海苔的長度。

• 醋飯均勻鋪至海苔上

壽司醋飯和加入芝麻油、鹽的韓國海苔飯捲不同，裡面加入了白醋和砂糖混合而成的調和醋，所以非常黏。要在海苔上鋪開壽司醋飯，需要一點技巧，不光是把醋飯用壓的推開而已，而是要一點一點夾起來挪動，然後把醋飯鋪平。

取醋飯放在海苔上，不要整糰放上，而是平均分布放置。

用手輕輕夾起結成糰的醋飯移動，薄薄鋪開。小心不要讓飯粒碎掉，平均地鋪至海苔上。

均勻鋪滿整張海苔，醋飯不要掉出海苔外，大功告成！

• 壽司收尾

如果只是捲起來放著，壽司的末端就會鬆開。為了防止鬆開，可以在海苔末端黏上一顆飯粒，用手揉開至透明狀塗抹開，再貼上海苔，即可乾淨俐落地收尾。

Tip! 一定要把飯粒揉開至「透明」後再黏上去，海苔才能平整地黏貼好，避免凸起來。

以壽司竹簾做造型

　　竹簾是製作造型壽司的必備塑形工具。使用壽司竹簾可以將捲好的壽司塑形成多種形狀，或使人物形態更鮮明。這裡我們會介紹本書中最常用到的幾種形狀。

- 三角形

 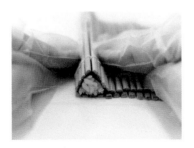

取醋飯擺在海苔中間，捲起海苔，再用壽司竹簾做出三角形。之後捏尖三角形頂點的部分，讓三個角更明顯即完成。

- 四角形

取醋飯擺在海苔中間，捲起海苔，再用壽司竹簾做出四角形。之後捏出四角形的四個直角，讓四個角更明顯凸出即完成。

- 水滴形

取醋飯在海苔上鋪開至一半面積，再對摺海苔。以壽司竹簾包住，往一側邊拉邊壓即完成。

• U 字形

壽司竹簾放在手掌上，放上壽司捲，再用手掌和手指做出 U 字形即可。

• 白菜形（參照 p.39 白菜壽司）

做出 U 字形壽司後，指尖用力，使 U 字的 3/4 處往內凹陷，即可完成白菜形。

• 半圓形

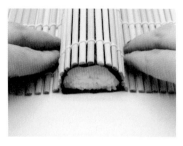

醋飯捏成圓柱形放在海苔上，包好海苔後，雙手將壽司竹簾往桌面拉，邊拉邊按壓，即可完成半圓形。

• 鴨子身體（參照 p.92 小鴨壽司）

做出半圓形壽司捲後，以壽司竹簾捲起，再捏出一邊尖尖的尾巴，即可完成鴨子身體。

• 汽車形狀（參照 p.119 汽車壽司）

以海苔包起醋飯，再以壽司竹簾捲起，用力按壓出棱角，做出車子的形狀即完成。

切壽司的方法

　　造型壽司的圖案呈現在切面上，因此切片很重要。如果像切一般海苔飯捲那樣用手抓握，壽司會被按壓到變形，切面圖案不美觀。操作時，可以把壽司竹簾蓋在造型壽司上防止變形，再一邊小心地切片。

1

為了取一定的間隔切開壽司，在蓋上壽司竹簾前，要先用刀劃出刀痕。

2

刀身沾上水，有水分就可以切出光滑的壽司切面。

3

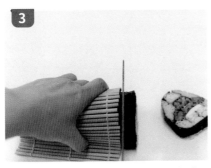

取壽司竹簾蓋上壽司，小心輕握好切下。這裡的重點是手不要出力按壓。

4

以濕抹布擦拭黏有飯粒的刀身。即使刀身上沒有沾黏飯粒，最好也要在中途擦拭刀具，除去刀身上的黏稠感。

5

再次以刀沾水切壽司。每切一片壽司，就擦拭一次刀具，並再沾水，即可乾淨俐落地將造型壽司切片。

裝飾

動手做裝飾

　　造型壽司的完成在於裝飾。將醋飯染出漂亮的顏色、做出可愛的形狀、乾淨俐落地切片壽司後，只要貼上眼睛、鼻子、嘴巴，再塗上腮紅，就能打造出多種不同的造型角色。現在就讓我們一起爲造型壽司注入生命吧！

• 用海苔做出眼睛、鼻子、嘴巴

　　製作眼睛、鼻子、嘴巴最簡單的方法，就是使用海苔打洞器。在桌面鋪上廚房紙巾，把海苔夾入打洞器後按壓，即可輕鬆壓出眼睛、鼻子、嘴巴等表情。在網路商店或百元商店就能輕鬆買到海苔打洞器。

Tip! 如果沒有海苔打洞器，可以使用小剪刀裁剪海苔。

Tip! 可以用黑芝麻代替海苔，做出眼睛。

• 用吸管裝飾臉部

使用不同尺寸的吸管打造可愛的臉龐。稍微汆燙過的胡蘿蔔片、火腿片、起司片等，用吸管戳出形狀即可使用。使用直徑較大的吸管，或將吸管的末端捏成三角形或四角形，則可做出更多花樣。

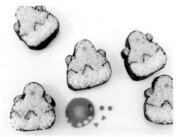

Tip! 如果食材卡在吸管裡取不出來，可用竹籤從後方伸進去，將食材推出來。

• 用鑷子裝飾細節

裝飾造型壽司時，鑷子非常實用。夾起小塊海苔放在壽司上，比起直接用手夾取，鑷子更能表現出細節且衛生。

• 用竹籤製作腮紅

只要有蕃茄醬和竹籤，就能讓人物更富有活力。方法十分簡單，在竹籤末端沾上蕃茄醬，輕輕點在臉頰上即可。

• 用竹籤黏貼小塊

想要夾起細碎的海苔和黑芝麻時，竹籤比鑷子更好用。在竹籤尖端沾取少量水，再沾起海苔和黑芝麻，即可輕鬆貼在想要的位置。

製作造型壽司時的
注意事項

手部隨時保持清潔

　　造型壽司大多以徒手捲壽司，所以要時刻注意衛生。盡量戴上料理用手套，操作其他作業時，要脫掉手套或換上其他手套，處理食材時使用的手套和捲壽司用的手套，最好要分開。另外，如果要徒手捲壽司，最好在旁邊擺一碗「水醋」使用。水醋是按10：1的比例混合水與白醋。使用水醋操作，醋的酸成分不僅能殺菌手部，還能防止壽司黏在手指上，非常實用。

料理工具的清洗與殺菌

　　料理工具容易在接觸水後腐蝕，或因食物導致細菌繁殖，務必仔細清洗。

刀　　具：刀具用完後要洗淨晾乾，建議每週用開水煮過一次。
抹　　布：抹布分為蓋住壽司保濕用、擦拭刀子用、清理砧板用，使用後要以滾水
　　　　　或漂白劑消毒。
壽司竹簾：壽司竹簾必須擦拭乾淨，不留有飯粒，然後晾至全乾。壽司竹簾沒乾的
　　　　　話可能會發霉，務必放在通風良好處。此外，在陽光下曬乾壽司竹簾，
　　　　　則有殺菌的效果。
海苔打洞器：用畢後，以棉花棒或廚房紙巾擦拭再收起。偶爾可以用水徹底洗淨，但
　　　　　用水清洗容易造成生鏽或性能降低。

製作壽司的訣竅

造型壽司的成功與否，關鍵在於煮好飯。通常會加入調和醋調整鹹淡，所以會比一般的白飯更稀軟。無論飯煮得多麼美味，在醋飯鋪上海苔或捲起的過程中，如果飯粒碎掉，口感也會變差。製作彩色醋飯時也是一樣，如果不停用手揉捏飯或用力捏壓的話，飯很快就會變得軟爛，口感不佳，製作壽司飯時務必要注意。

醋飯染色時，均勻地上色同樣重要。在白色醋飯中加入彩色調和醋，以及顏色相配的食材染色時，若加入少量調和醋、美乃滋、芝麻油等，飯粒上會形成一層塗層，染出的顏色會更均勻。

造型壽司的保存方法

造型壽司的主材料醋飯中含有醋、糖、鹽製成的調和醋，因此不易變質。只要掌握保存方法，就能保存得比想像中更久。

調和醋中含的「醋」，對壽司中常使用的魚類、肉類、蔬菜等食材有解毒殺菌的作用，強酸性亦具有防腐效果，對儲存食品有很大幫助。同時，還有預防肥胖和減重的效果，有助於減重。「糖」可使壽司的甜味倍增，在消化過程中被蔗糖酶（sucrase）分解吸收為葡萄糖和果糖，每克（公克、g）可產生 4 卡（kcal）的能量。它還能使飯變得柔軟，長時間保有水分，抑制褐變（Food browning，指因食物所含有的物質進行化學反應，而使食物轉變為黃褐色的過程）以及抑制微生物的生長和繁殖，起到產生延長食品保存期限的作用。

保存造型壽司時，用保鮮膜將切好的壽司單獨包裝後，放入樂扣樂扣容器或密封夾鍊袋中，阻斷空氣，再放入冰箱冷藏保存。壽司放在冰箱裡 1～2 天也不會變硬或碎掉，不用擔心。要食用冷藏壽司時，在包著保鮮膜的狀態下，放入微波爐中加熱大約 10 秒再食用，就能恢復至普通壽司的狀態。另外，在加醋醬油中放入芥末，搭配著食用也很美味。

由於造型壽司還不夠大眾化，很多人誤以為在醋飯中只加了人工色素，而覺得不好吃。還有人認為造型壽司只是將重點放在視覺，而非味覺上，其實不然，造型壽司是兼具外觀與美味的。還有，這些造型壽司都是要讓自己的家人吃的食物，所以一定要多注意味道和營養。我在本書中會為讀者們介紹使用周圍常見的食材，加上我的獨有配方，就能完成的美味、營養、漂亮造型壽司，歡迎大家跟我一起製作。

製作造型壽司的 Q & A

Q 書中使用的工具和材料容易買到嗎？

A 「食物藝術」並不意味著需要使用特殊的工具和材料，大部分工具和材料在網路商店、超市就能輕易買到。特別是工具，只要好好保存，就可以半永久性地使用。

Q 如果手很不巧，也能製作造型壽司嗎？

A 畢竟是手工製作的，手很巧固然很好，但手不巧的人並非就做不出來。我認為比起才能和天分，造型壽司的技法和訣竅更重要，所以即使手完全不巧，也可以做出來喔！從簡單的作品開始一個一個練習，掌握好技術後，不僅是爸爸媽媽，連小朋友們都可以輕鬆上手。

Q 以後能創作出我想要的角色嗎？

A 當然！造型壽司是把各個部分組合起來，形成一個完整造型的食物藝術。按照本書逐一跟著做，熟悉技法和要領，就能理解一個作品如何分解區塊和架構。在製作基礎作品的過程中磨練自己的技術，等更加熟練後，自己創造並製作出新的作品就不是件難事了。

Q 聽說老師有造型壽司的資格證，想多了解一下。

A 我有日本造型壽司協會主辦的造型壽司 1、2 級資格證，和韓國藝術名人協會，以及國際食品藝術協會主辦，並由韓國職業能力開發院頒發的造型壽司 1、2 級資格證。資格證可以透過「2 級→1 級→大師級講師」的課程取得。「2 級」是造型壽司的入門課程，以壽司的處理要訣、造型壽司的基本準備和基礎技法為基礎，學習 12 種造型壽司的形狀。「1 級」會學習更細緻的技法，自行創作自己喜歡的漫畫人物或水果、蔬菜等，並學習做出有故事性的造型壽司。「大師級講師」的話，就是能自行授課的專家。如果對食物藝術或造型壽司創業感興趣的話，可以參考 p.152「造型海苔飯捲民間資格證」的介紹，相信能更瞭解。

白菜壽司

Chinese Cabbage Deco Sushi

裡面填入滿滿的白菜醋飯。
託這些白菜壽司的福，這次的泡菜應該也能做得超好吃！

🐻 工具&材料

長 5.5cm× 寬 4cm（綠色葉子）

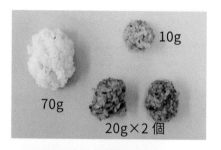

70g

10g

20g×2 個

| 1/2 張 | 1/4 張 | 1/4 張 |

工具　基本工具、竹籤、鑷子、竹筷

白色白菜梗	70g（醋飯 50g ＋切碎的蟹味棒白色部分 20g ＋美乃滋）
綠色白菜葉	50g（醋飯 50g ＋海苔粉＋菠菜粉＋美乃滋）
裝　　飾	黑芝麻、紅辣椒絲

🐻 製作流程

①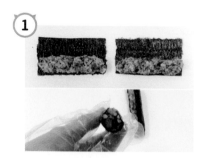

取 1/4 張海苔兩張，各放上深綠色醋飯 20g，捲成圓柱形。

②

縱切成一半，做出四條深綠色的葉子。

③

壽司竹簾抓握成 U 字形，放上 1/2 張海苔。

放上白色醋飯 70g，做成半圓形。

使用壽司竹簾，輕輕按壓 U 字形的 3/4 處，做出花瓶狀。

將淺綠色醋飯 10g 放在白色醋飯中間。

取製作流程 2 中做好的深綠色葉子一條，從最右邊開始黏貼。

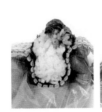

剩下的深綠色葉子則從右往左依序貼上。

以刀背按壓每條深綠色葉子中間相連的凹陷處，讓葉子形狀更明顯且服貼。

以刀子切出四等分的刀痕。

為了避免造型塌掉，切的時候，在製作流程 5 捏出的花瓶狀凹痕處，放一支筷子定型再切。

以黑芝麻做出眼睛，紅辣椒絲做出嘴巴，白菜壽司就完成了！

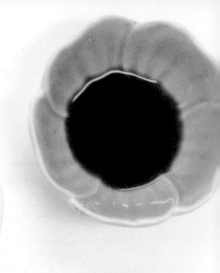

櫻花壽司
Cherry Blossoms Deco Sushi

櫻花隨著輕輕吹來的春風盛開著，
餐桌上也迎來了春天。

 工具&材料

長 3.5cm × 寬 3.5cm

工具　基本工具

花　　蕊　魚肉腸 1 條
白色花瓣　25g
粉紅色花瓣　75g（醋飯 50g ＋切碎的蟹味
　　　　　　棒白色部分 20g ＋切碎的醃嫩
　　　　　　薑 5g ＋甜菜根醋）

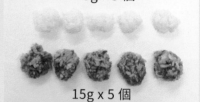

5g×5 個

15g x 5 個

海苔 1 張

| 1/4 張 | 1/4 張 | 1/4 張 | 1/4 張 | 1/4 張 |

🐻 製作流程

①

取粉紅色醋飯 15g 橫鋪在 1/4 張海苔的中間,慢慢均勻鋪開。

②

取白色醋飯 5g 放在粉紅色醋飯上,堆成尖尖一條。

③

摺起海苔做出水滴形。此時海苔的兩側末端不要完全貼合。

④

使用壽司竹簾做出水滴形狀,即成花瓣。

⑤

以同樣的方法做好五條花瓣。

⑥

壽司竹簾抓握成 U 字形,放上三條製作流程 **5** 中做好的花瓣,中間放上一條魚肉腸當作花蕊。

⑦

放上剩下的兩條花瓣,將壽司竹簾捲成圓形,做出櫻花的模樣。

⑧

取 1 張海苔,將製作流程 **7** 中做好的壽司捲捲起。在海苔末端,揉開一兩顆飯粒至透明狀,以飯粒當黏著劑,平整黏貼好整捲海苔。

⑨

以刀子在壽司捲上,劃出六等分記號。

⑩

以壽司竹簾蓋住壽司,小心握好避免壽司散開,切片後,就能看到充滿春日氣息的櫻花壽司了。

貼心小祕訣

影片中食材分量會稍微調整,但做法大致相同,讀者們可以參考影片製作!另可依個人喜好加入不同食材做變化。

西瓜壽司
Watermelon Deco Sushi

看一眼就能感受到清涼的夏日代表
水果：西瓜。這裡的西瓜，可是連
籽和瓜皮都能一口吃下的喔！

 **工具&材料**

長 4cm× 寬 4cm

65g　　40g　　20g

3/4 張

工具　基本工具、竹籤

白色西瓜皮　　20g
綠色西瓜皮　　40g（醋飯 40g ＋海苔粉＋菠菜粉＋美乃滋）
紅色果肉　　　65g（醋飯 40g ＋紅色魚卵 20g ＋切碎的醃生薑 5g ＋甜菜根醋）
裝　　　飾　　黑芝麻

🐨 **製作流程**

①

取 3/4 張海苔，中間放上綠色醋飯 40g，均勻鋪開成寬 4cm 的長條狀。

②

在綠色醋飯上，薄薄鋪開一層白色醋飯 20g。

③

取紅色醋飯 65g 放於白色醋飯上，堆成山形。

④

捲起海苔做成三角形，使用壽司竹簾再次加強塑形。

⑤

以刀子在壽司捲上，劃出六等分的刀痕。

⑥

蓋上壽司竹簾小心握好，避免壽司散開，然後切片。

⑦

取黑芝麻裝飾成西瓜籽，西瓜壽司大功告成囉！

貼心小祕訣

影片中食材分量會稍微調整，但做法大致相同，讀者們可以參考影片製作！另可依個人喜好加入不同食材做變化。

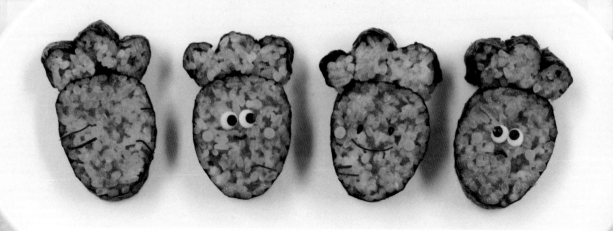

胡蘿蔔壽司

Carrot Deco Sushi

胡蘿蔔壽司能讓討厭胡蘿蔔的孩童也吃得津津有味！咀嚼時口中嗶嗶啵啵迸裂的魚卵，讓享用美食更添樂趣。

🐻 工具＆材料

長 6cm × 寬 3cm

15g×3 個

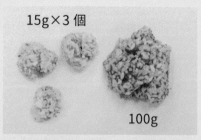

100g

3/4 張　　1/8 張　1/8 張　1/8 張

工具　基本工具、保鮮膜、竹籤、鑷子、吸管（直徑 0.5cm）、海苔打洞器或小剪刀

橘色胡蘿蔔　100g（醋飯 70g ＋紅色魚卵 30g ＋切碎的醃嫩薑＋梔子醋）
綠色葉子　　45g（醋飯 45g ＋海苔粉＋菠菜粉＋美乃滋）
裝　　　飾　黑芝麻、紅辣椒絲、海苔、起司片、火腿片

😊 製作流程

1

3cm

取橘色醋飯 100g 做好 3cm 寬的山形，放在 3/4 張海苔的中央。

2

捲起海苔做成三角形，用壽司竹簾再次加強塑形，確實做出胡蘿蔔身體的形狀。

3

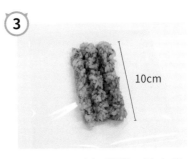

10cm

桌上鋪一張保鮮膜，放上綠色醋飯 15g，做成長 10cm 的山形，一共做出三條，貼齊並列擺放。

Tip! 因為醋飯很黏，如果在砧板上直接製作，飯粒會黏在砧板上，變得難以操作，所以務必在桌面上鋪上保鮮膜再操作。

4

在三條綠色醋飯上各貼一張 1/8 張海苔，做出胡蘿蔔葉。這裡要小心，別讓山形塌掉。

5

用刀子在製作流程 **2** 中做好的壽司捲，劃出五等分刀痕。

6

以壽司竹簾蓋住壽司捲，小心握好以免壽司散開，然後切片，做出胡蘿蔔身體的切片壽司。

7

將製作流程 **4** 中做好的蘿蔔葉切成五等分。

8

黏合橘色胡蘿蔔身體與綠色葉子。

9

以黑芝麻、紅辣椒絲、海苔、起司片、火腿片做出眼睛、鼻子、皺摺與腮紅，胡蘿蔔壽司就完成了！

鳳梨壽司

Pineapple Deco Sushi

用明亮的黃色吸引
大家視線的鳳梨壽司！
加入了醃黃蘿蔔，
增添鳳梨清新的味道。

🐻 工具&材料

長 6cm × 寬 3cm

10g×3 個

90g

3/4 張

1/8 張　1/8 張　1/8 張

工具　基本工具、保鮮膜、小剪刀、鑷子

綠色鳳梨葉　30g（醋飯 30g ＋海苔粉＋菠菜粉＋美乃滋）
黃色果肉　90g（醋飯 50g ＋切碎的玉子燒 30g ＋切碎的醃黃蘿蔔片 10g ＋梔子醋）
裝　　飾　海苔

😊 **製作流程**

1

4cm

取 3/4 張海苔，將黃色醋飯 90g 放在中間，鋪成 4cm 寬，捲成圓柱形，做出鳳梨果肉。

2

1cm

鋪上一層保鮮膜，放上綠色醋飯 10g，做成 1cm 寬的山形。

🍳 *Tip!* 因爲醋飯很黏，如果在砧板上直接製作，飯粒會黏在砧板上，變得難以操作，所以務必在桌面上鋪上保鮮膜再操作。

3

取 1/8 張海苔，延長邊對摺做出尖角後，貼上製作流程 **2** 的山形綠色醋飯。

4

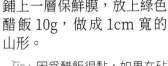

以同樣的方法做好三條，並列擺放，做成鳳梨葉。

5

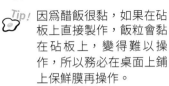

將製作流程 **1** 中做好的鳳梨果肉壽司捲切成五等分。

6

將製作流程 **4** 中做好的鳳梨葉壽司捲切成五等分。

7

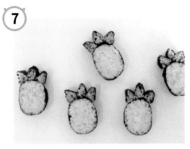

連接黃色果肉與綠色葉子。

8

海苔剪成細絲，如圖做出鳳梨花紋後貼上，鳳梨壽司就完成了！

蘋果壽司
Apple Deco Sushi

———

把清脆的蘋果咔嚓切成兩半。
不是整塊製作，而是做出半邊蘋果後再黏起來，更加可愛。

🐻 工具&材料

長 3.5cm × 寬 5cm

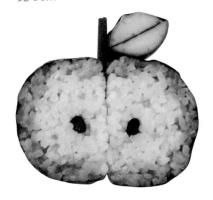

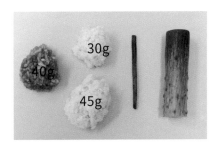

工具　基本工具、保鮮膜

蘋 果 葉	燉牛蒡 1 枝、小黃瓜 1/2 條
紅 色 果 皮	40g（醋飯 40g ＋甜菜根醋）
淺黃色果肉	75g（醋飯 75g ＋蕃茄醬）

🐻 製作流程

①

取 1/6 張海苔包住燉牛蒡，做成蘋果籽。

②

鋪上一層保鮮膜，放上淺黃色醋飯 30g，均勻鋪開成 4cm 寬。

③

取製作流程 **1** 中做好的蘋果籽，放在淺黃色醋飯上。

4 蘋果籽上面再蓋上淺黃色醋飯 45g，並把上半部做成半圓形。

5 取紅色醋飯 40g 蓋上半圓形，薄薄鋪開，做成蘋果皮。

6 取 1/2 張海苔對準醋飯兩側蓋上，如果海苔比醋飯長，務必剪掉多餘的部分。

7 取壽司竹簾蓋上海苔，再次調整塑形出半圓形，做出蘋果果肉。

8 小黃瓜對半縱切，再切一次，做出兩條小片半圓形。

Tip! 切好的小黃瓜要稍微抹鹽醃過，拭乾水分再使用。

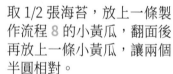

9 取 1/2 張海苔，放上一條製作流程 **8** 的小黃瓜，翻面後再放上一條小黃瓜，讓兩個半圓相對。

10 以海苔包起小黃瓜，末端黏上飯粒貼緊，做成葉片。只要想成是在小黃瓜和小黃瓜之間夾上海苔、轉一圈，會比較易懂好操作。

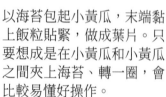

11 將製作流程 **7** 中做好的蘋果果肉對半切，再對切，變成四等分。

12 將半圓與半圓相貼，做成一個蘋果。

將製作流程 **10** 中做好的葉片切成五等分。

於製作流程 **12** 的蘋果上貼好葉片，蘋果壽司就完成了！

Tip! 如果還有多的牛蒡，也可以放在蘋果上端，如圖（下方的）做成蘋果梗。

香蕉壽司
Banana Deco Sushi

這款香蕉壽司，
能表現出香蕉柔軟的口感。
這次不需使用染色醋飯，
直接使用玉子燒和小黃瓜做即可。

 工具 & 材料

長 5cm × 寬 6cm

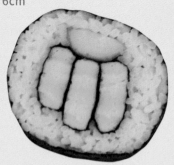

30g

80g

10g×2 個

工具　基本工具、竹籤

香　　蕉　玉子燒（寬 2cm× 厚 1cm×
　　　　　長 10cm）3 條、小黃瓜 1/2 條
白色背景　130g

海苔 1 張

1/2 張　　1/2 張　　1/2 張

🐻 製作流程

1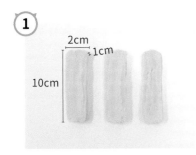

玉子燒切成寬 2cm× 厚 1cm× 長 10cm 的尺寸。

2

取 1/2 張海苔，放上玉子燒後捲起，海苔末端黏上飯粒，揉開後貼合海苔。三條玉子燒都用相同的方式捲好。

3

小黃瓜對半縱切，斷面處切成約 1cm 的高度。

Tip! 切好的小黃瓜稍微抹鹽醃過，拭乾水分再使用。

4

取一張海苔，均勻鋪上白色醋飯 80g，兩側各留大約 2cm 的海苔。

5

小黃瓜切平的一面朝下，放在醋飯中間。

6

小黃瓜左右兩側各堆上白色醋飯 10g。

7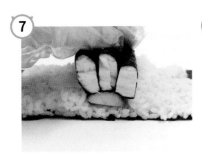

放上製作流程 2 中做好的玉子燒，做出香蕉的形狀。

8

將剩下的白色醋飯 30g 均勻地蓋在玉子燒上方固定。

9

小心捲起海苔，操作時，要小心維持香蕉的造型。

10

壽司上先劃出四等分刀痕，切片，香蕉壽司就完成！

葫蘆棒棒糖壽司

Candied Haws Lollipops Deco Sushi

自己搭配顏色，製作一串五顏六色，
可以一顆一顆拔下來吃，有趣的葫蘆棒棒糖壽司吧！

🐻 工具&材料

長 3cm × 寬 3cm

15g×4 個

15g×3 個   15g×3 個

海苔 1 張

海苔 1 張

工具　基本工具、竹籤

粉紅色部分　45g（醋飯 30g ＋紅色魚卵 15g ＋甜菜根醋）
黃 色 部 份　45g（醋飯 30g ＋切碎的玉子燒 15g ＋梔子醋）
白 色 部 分　60g（醋飯 40g ＋切碎的蟹味棒白色部分 20g）

🐻 製作流程

①

3cm

②

3cm

③

取海苔 1 張，最下端鋪上黃色醋飯 15g，慢慢均勻鋪成 3cm 寬。

以同樣的方法均勻鋪上白色醋飯 15g，緊連黃色醋飯，也是鋪成 3cm 寬。

以「黃色─白色─黃色─白色─黃色」的順序，均勻鋪上醋飯。

④

從末端捲起海苔。

⑤

以同樣的方法在另一張海苔上，均勻鋪上粉紅色、白色醋飯。

⑥

從末端捲起鋪好粉紅色、白色醋飯的海苔，如圖已經完成兩條壽司捲。

⑦

兩條壽司捲都劃出刀痕，切成五等分。

⑧
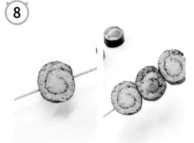

以竹籤交叉串起不同顏色的壽司片，色彩繽紛的葫蘆棒棒糖壽司就完成了！

 Tip! 竹籤尖端先沾水，刺穿壽司時會更輕鬆。

TIP!
貼心小祕訣

用餅乾袋包裝葫蘆棒棒糖壽司，不論送禮或當作便當食用，都再適合不過。參考以下步驟做做看吧！

1. 撕開餅乾包裝袋（長 13cm × 寬 10cm）的一側。

2. 葫蘆棒棒糖壽司放入餅乾袋中，對摺餅乾袋，再以封口繩綁起就完成了！

棒棒糖壽司
Lollipops Deco Sushi

這款棒棒糖壽司吃再多也不會蛀牙，
只不過肚子會非常非常飽呀！

🐻 工具＆材料

長 6cm × 寬 4cm

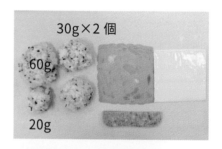

30g×2 個

60g

20g

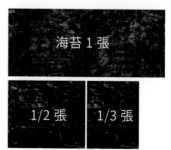

海苔 1 張

1/2 張　1/3 張

工具　基本工具

棒　棒　糖	起司片 1 片、火腿片 1 片、SPAM 午餐肉（寬 2cm× 厚 0.5cm× 長 10cm）1 塊
綜合蔬菜醋飯	140g（醋飯 120g ＋綜合乾燥蔬菜 20g ＋芝麻油）
裝　　　飾	火腿片、胡蘿蔔片

🐻 製作流程

①

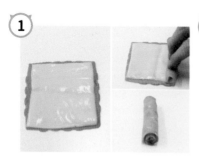

取起司片 1 片，鋪在火腿片，捲起。

②

將製作流程 **1** 中的火腿起司放在 1/2 張海苔上，捲起，做成棒棒糖的糖果部分。

③

將午餐肉切成寬 2cm× 厚 0.5cm× 長 10cm 大小，以 1/3 張海苔捲起，做成棒棒糖的竹籤部分。

Tip! 午餐肉要稍微煎或烤過後再使用。

④ 取海苔 1 張，中間放上綜合蔬菜醋飯 60g，均勻鋪成 6cm 寬。

⑤ 將製作流程 2 中的火腿起司捲放在醋飯上，擺放位置稍微靠左側一點。

⑥ 火腿起司捲旁邊均勻鋪上綜合蔬菜醋飯 20g。

⑦ 放上製作流程 3 的午餐肉捲。

⑧ 以綜合蔬菜醋飯 30g 蓋住午餐肉捲，做成四角形。

⑨ 以剩下的綜合蔬菜醋飯 30g 蓋住火腿起司捲上方，使壽司整體呈現四角形。

⑩ 以海苔包住醋飯，用壽司竹簾再一次定型。

⑪ 壽司捲劃出刀痕，然後切成五等分。

⑫ 以火腿片、胡蘿蔔做出蝴蝶結裝飾，棒棒糖壽司就完成了！

表情壽司
Face Deco Sushi

表情壽司可以隨心所欲地創作，
只要更換髮色、表情，
就會變成不同的臉喔！

🐻 工具&材料

長 4cm × 寬 4.5cm

60g

60g

3/4 張

1/2 張

工具　基本工具、竹籤、吸管（直徑 0.5cm）、
　　　海苔打洞器或小剪刀

白色臉部　60g
黑色頭髮　60g（黑米飯 40g ＋黑芝麻粉 10g ＋海苔酥 10g）
裝　　飾　海苔、胡蘿蔔片、火腿片

😊 製作流程

1

取 1/2 張海苔，放上白色醋飯 60g 捲成圓柱形，做成臉部。

2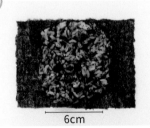

6cm

取 3/4 張海苔，將黑色醋飯 60g 放在中間，均勻鋪成 6cm 寬。

3

將製作流程 1 放在黑色醋飯的中間。

4

以壽司竹簾捲成圓柱形。

5

劃出刀痕，切成五等分。

6

以海苔製作眼睛和嘴巴。以直徑 0.5cm 的吸管戳取火腿片、胡蘿蔔片，在臉上點腮紅，表情壽司就完成了！

草莓少女壽司

Strawberry Girl Deco Sushi

戴著草莓帽子的可愛少女，
包在紅色草莓裡的小小臉部，是不是非常可愛呢？

🐻 工具&材料

長 6cm × 寬 5cm

15g×2 個

3/4 張　　1/2 張　　1/4 張　　1/4 張

工具　基本工具、竹籤、吸管（直徑 0.5cm）、海苔打洞器或小剪刀

白色臉部　50g（醋飯 40g ＋切碎的蟹味棒白色部分 10g）
紅色草莓　100g（醋飯 80g ＋紅色魚卵 20g ＋切碎的醃嫩薑＋甜菜根醋）
綠色葉片　30g（醋飯 30g ＋海苔粉＋菠菜粉＋美乃滋）
裝　　飾　海苔、黑芝麻、胡蘿蔔片、火腿片

🐻 製作流程

①

取 1/2 張海苔，放上白色醋飯 50g 捲成圓柱形，做成臉部。

②

6cm

取 3/4 張海苔，將紅色醋飯 60g 放在中間，均勻鋪開成 6cm 寬。

③

製作流程 **1** 中做好的臉部放在紅色醋飯中間，以壽司竹籤做出 U 字形，並固定好。

④ 放上紅色醋飯 40g，做成山形。以壽司竹簾再次定型，做出草莓外型。

⑤ 草莓壽司捲劃出刀痕，切成五等分。

⑥ 取 1/4 張海苔兩張，各放上綠色醋飯 15g。

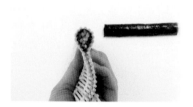

⑦ 用壽司竹簾做出水滴形，當作草莓葉。

⑧ 將草莓葉切成五等分。

⑨ 在製作流程 5 中的草莓切片下方，貼上草莓葉。

⑩ 以黑芝麻當作草莓籽，以海苔做出眼睛、嘴巴。以直徑 0.5cm 的吸管戳取火腿片、胡蘿蔔片，在臉上點腮紅，草莓少女壽司就完成了！

幽靈壽司
Ghost Deco Sushi

哎呀！嚇我一跳！
幽靈出現了呀！！
可是這些幽靈，也太可愛了吧？

🐻 **工具＆材料**

長 5cm × 寬 4cm

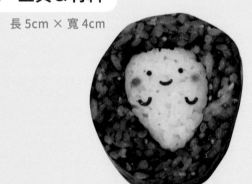

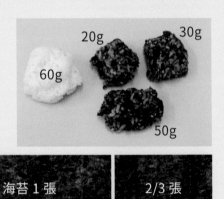

海苔 1 張	2/3 張

工具　基本工具、竹籤、海苔打洞器或小剪刀

黑色夜空　100g（醋飯 70g ＋海苔酥 15g ＋黑芝麻粉 15g ＋黑芝麻）
白色幽靈　60g
裝　　飾　海苔、蕃茄醬

製作流程

1

取 2/3 張海苔，將做成山形的白色醋飯 60g 放在中間。

2

以海苔捲起醋飯，包上壽司竹簾，捏出一角，做成幽靈的形狀。

3

5cm

取海苔 1 張，將黑色醋飯 50g 放在中間，均勻鋪成 5cm 寬。

4

30g

橫放上製作流程 2 中做好的幽靈，幽靈尾端尖角部分上方，再放上黑色醋飯 30g。

5

20g

在空著的地方放上黑色醋飯 20g，做出圓型。

6

包上海苔後，用竹簾再次加強塑形。

7

劃出刀痕，切成六等分。

8

以海苔裝飾幽靈的表情，用竹簽沾取蕃茄醬點上腮紅，幽靈壽司就完成了！

企鵝壽司

Penguin Deco Sushi

走起路來搖搖晃晃的企鵝，
用玉米做的小巧的企鵝嘴和腳掌，
可愛度爆表。

🐻 工具&材料

長 5cm × 寬 4cm

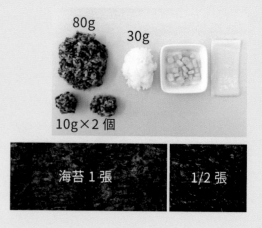

工具	基本工具、筷子、吸管（直徑 0.5cm）、竹籤、海苔打洞器或小剪刀

黑色身體	100g（醋飯 65g ＋海苔酥 20g ＋黑芝麻粉 15g ＋芝麻油）
白色肚子	30g
裝　　飾	海苔、罐頭玉米 10g、起司片 1/2 片

🐨 **製作流程**

①

取海苔 1/2 張，放上白色醋飯 30g，捲成圓柱形，做成企鵝的肚子。

②

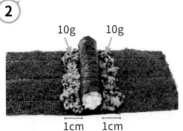

取海苔 1 張，將製作流程 **1** 的企鵝肚子放在中間，兩側各再放上黑色醋飯 10g，鋪成 1cm 寬。

③

放上剩下的黑色醋飯 80g，做成圓形。

④

以海苔捲起醋飯，切掉多餘的海苔，以壽司竹簾再次定型。

⑤

劃出刀痕，切成六等分。

⑥

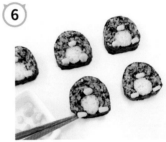

以罐頭玉米做出企鵝的喙、腳掌。

⑦

以直徑 0.5cm 的吸管戳取起司片，做成企鵝的眼白，再以海苔做出瞳孔，企鵝壽司就完成了！

卡車壽司

Truck Deco Sushi

不同於常見的粗獷風格卡車，這裡要做出可愛的卡車壽司。
相信孩子們肯定會喜歡這款壽司！

工具&材料

長 5cm × 寬 5cm

80g

30g

海苔 1 張

1/2 張　1/3 張

工具　基本工具、保鮮膜

輪　　子　魚肉腸 1 根
車　　窗　圓形魚板 1/4 條
藍色車身　110g（醋飯 100g ＋切碎的白色
　　　　　蟹肉部分 10g ＋切碎的醃白蘿蔔
　　　　　片＋藍梔子醋）

製作流程

1

5cm

取海苔 1 張，將藍色醋飯
80g 放在中間，均勻鋪成
5cm 寬。

2

用保鮮膜蓋上醋飯，再以壽
司竹簾做出扁平的四角形。

3

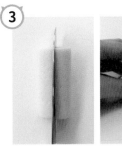

2cm

2cm

圓形魚板切成半徑 2cm 的
1/4 圓。

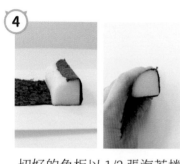

④ 切好的魚板以 1/2 張海苔捲起，做成卡車的窗戶。

⑤ 以 1/3 張海苔包起魚肉腸備用，之後會用在卡車輪胎。

⑥ 將做好的魚板車窗放在製作流程 2 的藍色醋飯上，把車窗固定在左邊。

⑦ 取藍色醋飯 30g 貼在車窗旁，鋪成 1cm 寬。

⑧ 做出卡車的外型，然後以海苔包起。

⑨ 以壽司竹簾再一次定型。

⑩ 將製作流程 5 中的卡車輪胎捲對半縱切，然後再切成五等分。

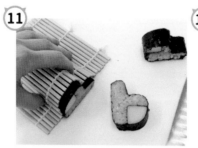

⑪ 將製作流程 9 中的卡車車身劃出刀痕，切成五等分。

⑫ 貼上輪胎，卡車壽司就完成了！

龍貓壽司
Totoro Deco Sushi

喜歡吃香菇與橡子，並守護著森林的森林精靈：龍貓。
讓我們一起製作動漫中的龍貓吧！

工具&材料

長 5cm × 寬 4cm

15g×3 個

50g

40g

20g×2 個

海苔 1 張

1/2 張

1/6 張

1/6 張

工具　基本工具、保鮮膜、吸管（直徑 0.5cm）、竹籤、海苔打洞器或小剪刀

黑色龍貓　125g（醋飯 85g ＋海苔酥 25g ＋黑芝麻粉 15g ＋芝麻油）
白色肚子　50g
裝　　飾　海苔、起司片、黑芝麻

製作流程

1

取 1/2 張海苔，放上白色醋飯 50g 捲成圓柱形，做成龍貓的肚子。

2

2cm

取 1 張海苔，將黑色醋飯 15g 放在中間，然後鋪成 2cm 寬。

3

20g　20g

3cm　3cm

取製作流程 1 中的龍貓肚子放在黑色醋飯上，肚子兩側各放上黑色醋飯 20g，鋪成 3cm 寬。

以壽司竹簾做出 U 字形，
再放上黑色醋飯 40g 做成圓
形。

捲起海苔做成圓柱形，以壽
司竹簾再次定型，做出龍貓
的身體。

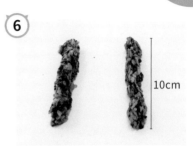

10cm

鋪上一層保鮮膜，取黑色醋
飯 15g 做出 10cm 長的山
形，一共做出兩條。

以 1/6 張海苔包住製作流程
6 中的山形黑色醋飯，維持
好形狀，做成龍貓的耳朵。

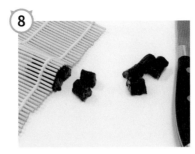

龍貓的耳朵切成五等分。

將製作流程 5 中的龍貓身體
劃出刀痕，切成五等分。

黏上製作流程 8 的龍貓耳朵。

以直徑 0.5cm 的吸管戳取
起司片，做出龍貓的眼白。

以海苔表現瞳孔、鼻子，以
黑芝麻做出肚子上的紋路，
龍貓壽司就完成了！

Part **2**

中級進階

微笑熊壽司
Smile Bear Deco Sushi

有別於 p.82 小熊壽司，
你比較喜歡哪種可愛的小熊圖案呢？

工具＆材料

長 5cm × 寬 6cm

15gx2 個

50g

60g

20gx3 個

海苔 1 張

1/2 張

1/4
張

1/4
張

1/6
張

1/6
張

1/6
張

工具 基本工具、保鮮膜、竹籤、吸管（直徑 0.5cm）、海苔打洞器或小剪刀

小熊眼睛＆鼻子　燉牛蒡 1 根、魚肉腸 2 條
白色下巴　　　　50g
棕色臉部　　　　150g（糯糙米飯 120g ＋白芝麻粉 20g ＋鰹魚粉 10g ＋美乃滋）
裝　　　　飾　　　海苔、胡蘿蔔片

① 取 1/4 張海苔兩張，各放上一根魚肉腸後捲起，做成小熊的眼睛。

② 取 1/6 張海苔捲起燉牛蒡，做出小熊的鼻子。

③ 取 1/2 張海苔，正中間放上製作流程 **2** 的小熊鼻子，再蓋上白色醋飯 50g，做出半圓形。

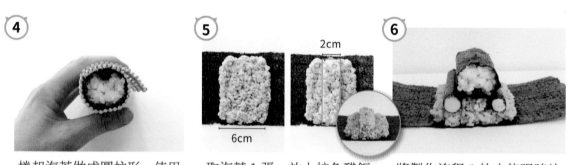

④ 捲起海苔做成圓柱形，使用壽司竹簾再次定型，完成小熊的下巴。

⑤ 取海苔 1 張，放上棕色醋飯 60g，均勻鋪成 6cm 寬，正中間再放上棕色醋飯 20g，鋪成 2cm 寬。

⑥ 將製作流程 **1** 的小熊眼睛放在 2cm 寬高起處的左右兩側，再放上製作流程 **4** 的小熊下巴。

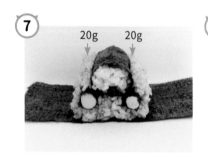

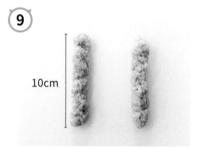

⑦ 眼睛和下巴兩側，各貼上棕色醋飯 20g 固定。

⑧ 捲起海苔成圓柱形，用壽司竹簾再次定型，就能做出小熊臉部。

⑨ 鋪上一層保鮮膜，放上棕色醋飯 15g，做成 10cm 長的半圓形，一共要製作兩條。

取 1/6 張海苔包住半圓形醋飯，再以壽司竹簾定型，做出小熊耳朵。

小熊耳朵切成四等分。

將製作流程 8 的小熊臉部劃出刀痕，切成四等分。

將小熊耳朵黏貼到臉部。

剪取海苔做出小熊的眼睛、嘴巴，以直徑 0.5cm 的吸管戳取胡蘿蔔片，點上腮紅，微笑熊壽司就完成了！

小熊壽司
Little Bear Deco Sushi

可愛的小熊朋友們來玩囉！圓圓魚肉腸做成的耳朵是最大亮點。

工具&材料

長 5cm × 寬 5cm

40g
10g
20g
20g×3 個

海苔 1 張

1/2 張 | 1/4 張 | 1/4 張 | 1/4 張

工具	基本工具、竹籤、吸管（0.5cm）海苔打洞器或小剪刀
熊 耳 朵	魚肉腸 2 條
白色下巴	30g
棕色臉部	100g（糯糙米飯 80g ＋白芝麻粉 20g）
裝 飾	海苔、胡蘿蔔片、火腿片

製作流程

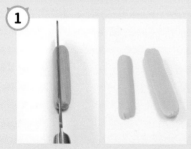

1 縱切魚肉腸，切的位置要稍微偏左一點。

2 切下的魚肉腸中較小的半邊以 1/4 張海苔捲起，做成小熊的嘴巴。

3 較大的魚肉腸也以 1/4 張海苔捲起，做成小熊的耳朵。

④

以同樣的方法再做出一條小熊耳朵，兩條都切成五等分。

⑤

2cm

取 1/2 張海苔，將白色醋飯 10g 放在中間，均勻鋪成 2cm 寬。

⑥

將製作流程 2 中做好的小熊嘴巴圓弧部分朝下，放在白色醋飯的正中間。

⑦

蓋上剩下的白色醋飯 20g，捲成圓柱形，就能做成小熊的下巴。

⑧

4cm

取海苔 1 張，放上棕色醋飯 20g，均勻鋪成 4cm 寬。

⑨

20g   20g

將製作流程 7 中的小熊下巴放在棕色醋飯的正中間，接著兩側各貼上棕色醋飯 20g 固定好。

⑩

蓋上剩下的棕色醋飯 40g，捲成圓柱形。

⑪

用壽司竹簾再次定型。

⑫

劃出刀痕後切成五等分，做出小熊的臉部。

⑬

貼上製作流程 4 中做好的小熊耳朵。

⑭

以海苔做出眼睛、鼻子，以直徑 0.5cm 的吸管戳取胡蘿蔔片、火腿片，點上腮紅，小熊壽司就完成了！

笑臉壽司
Smiley Face Deco Sushi

看著呵呵笑著的臉蛋，
不知不覺心情就會好起來。
即使發生了讓人煩惱、鬱卒的事，
也可以一笑趕走壞心情。

 工具＆材料

長 4.5cm × 寬 5.5cm

30g　40g　60g

10g×3 個　10g

海苔 1 張

| 1/3 張 | 1/6 張 | 1/4 張 | 1/4 張 |

工具　基本工具、吸管（直徑 0.5cm）、竹籤、海
　　　苔打洞器或小剪刀

笑臉嘴巴　魚肉腸 1/2 條
黑色頭髮　70g（醋飯 40g ＋海苔酥 20g ＋黑芝麻
　　　　　粉 10g ＋芝麻油）
膚色皮膚　100g（醋飯 80g ＋切碎的蟹味棒白色部
　　　　　分 20g ＋蕃茄醬）
裝　　飾　海苔、胡蘿蔔片、火腿片

🐻 製作流程

1

魚肉腸對半縱切，以 1/4 張
海苔包起，做成笑臉嘴巴。

2

取 1 張海苔，將膚色醋飯
30g 放在正中間，均勻鋪成
3cm 寬。

3

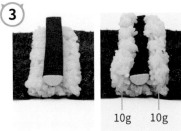

醋飯中間放上製作流程 **1** 的
嘴巴，兩側各放上膚色醋飯
10g 固定。

4

蓋上膚色醋飯 40g，將上半
部做成尖尖的三角形。

5

取 1/3 張海苔蓋上，輕捏三
角形的尖端部分塑形。

6

放上黑色醋飯 60g，就能做
出頭髮。

7

捲起海苔，以壽司竹簾再次
塑形，做出臉的形狀。

8

取 1/4 張海苔，放上膚色醋
飯 10g，捲成圓柱形，做成
耳朵。

9

取 1/6 張海苔，放上黑色醋
飯 10g，做成水滴形狀，做
成頭髮。

10

將製作流程 7 的臉部劃出刀痕，切成五等分。

11

將製作流程 8 對半縱切成長條狀，再切成五等分，做出耳朵。

12

將製作流程 9 切成六等分，做成頭髮。

13

在臉部兩側貼上耳朵，小女孩的臉部兩邊再貼上頭髮。

14

以海苔做出眼睛、鼻子，以直徑 0.5cm 的吸管戳取胡蘿蔔片、火腿片，點上腮紅，笑臉壽司就完成了！

小豬壽司
Little Pig Deco Sushi

噗噗噗～～這是可愛的小豬壽司，
尖尖的耳朵搭配圓圓的豬鼻子，很吸睛！

長 3cm × 寬 3cm

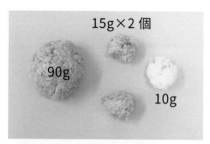

15g×2 個

90g

10g

海苔 3/4 張

1/4
張

1/6
張

1/6
張

工具　基本工具、保鮮膜、吸管（直徑 1cm、0.5cm）、竹籤、海苔打洞
器或小剪刀

白 色 前 腳　10g
粉紅色小豬　120g（醋飯 100g ＋切碎的蟹味棒白色部分 20g ＋甜菜根醋）
裝　　　飾　粉紅魚肉腸、海苔

製作流程

1

取 3/4 張海苔，放上粉紅色
醋飯 90g 捲成圓柱形，做出
小豬的臉，用壽司竹簾再次
定型。

2

取 1/4 張海苔，放上白色醋
飯 10g，捲成圓柱形，做成
小豬的前腳。

3
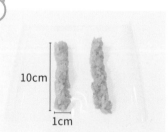
10cm
1cm
鋪上一層保鮮膜，放上兩
條粉紅色醋飯 15g，做成長
10cm× 寬 1cm 的三角形。

4

取保鮮膜蓋上醋飯,以壽司竹簾再次固定三角形。

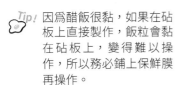

Tip! 因為醋飯很黏,如果在砧板上直接製作,飯粒會黏在砧板上,變得難以操作,所以務必鋪上保鮮膜再操作。

5

慢慢貼上 1/6 張海苔,小心不要破壞三角形。

6

兩條都貼上海苔,做成三角形的豬耳朵。

7

將製作流程 **1** 的小豬臉部劃出刀痕,切成六等分。

8

將製作流程 **2** 的前腳對半縱切,再切成六等分。

9

將製作流程 **6** 的豬耳朵切成六等分。

10

組合臉部、前腳和耳朵,做出小豬的造型。

11

以直徑 1cm 的吸管戳取粉紅魚肉腸,做出小豬的鼻子。

12

以海苔做出眼睛、鼻孔,以直徑 0.5cm 的吸管做出腮紅,小豬壽司就完成了!

蒲公英壽司
Dandelion Deco Sushi

餐桌上開出了黃色的蒲公英，
是否聞到某處傳來陣陣清新的花香呢？

 **工具＆材料**

長 5cm × 寬 6cm

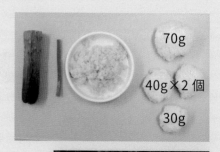

70g

40g×2 個

30g

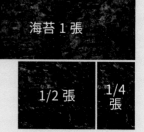

海苔 1 張

1/2 張

1/4 張

工具　基本工具

蒲 公 英　切碎的玉子燒20g、胡蘿蔔條（長
　　　　　10cm）、小黃瓜 1/2 條
白色背景　180g

製作流程

①

將小黃瓜 1/2 條切成一半，備用。

Tip! 切好的小黃瓜稍微抹鹽醃過，拭乾水分再使用。

②

15cm

取海苔 1 張與 1/4 張黏貼延長，將白色醋飯 70g 放在中間，均勻鋪成 15cm 寬。

③

2cm

取白色醋飯各 40g 做成高 4cm 的山形，放在白色醋飯中間，一共要做兩條。

④

取切碎的玉子燒 10g 鋪在兩條白色山形之間，再放上胡蘿蔔條。

⑤

以剩下的切碎玉子燒 10g 蓋住胡蘿蔔條。

⑥

將醋飯、切碎的玉子燒上貼上 1/2 張海苔，注意要維持山形。

⑦

輕捏山形的尖端部分，使兩個尖端互相貼緊。

⑧

30g

取製作流程 **1** 中切好的小黃瓜貼在兩側，做出葉片，蓋上白色醋飯 30g 固定。

⑨

將醋飯捲成圓柱形，用壽司竹簾再次定型。

⑩

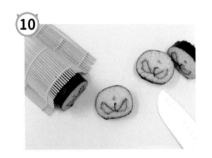

劃出刀痕後切成五等分，蒲公英壽司就完成了！

貼心小祕訣

影片中食材分量會稍微調整，但做法大致相同，讀者們可以參考影片製作！另可依個人喜好加入不同食材做變化。

小鴨壽司
Little Duck Deco Sushi

小鴨呱呱！呱呱呱！
可愛的小鴨們排成一排游著泳，你們要去哪裡呢？

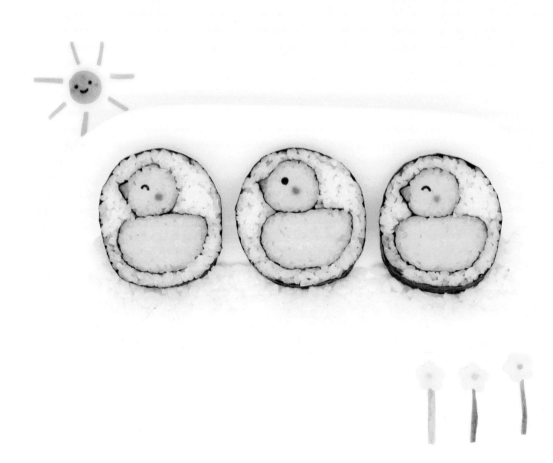

工具&材料

長 6cm × 寬 5cm

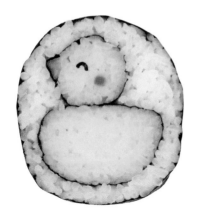

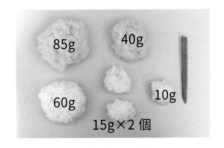

工具　基本工具、竹籤、海苔打洞器或小剪刀

小 鴨 喙	胡蘿蔔條（10cm）1 條
黃色小鴨	125g（醋飯 100g ＋切碎的玉子燒 25g ＋栀子醋）
白色背景	100g（醋飯 80g ＋切碎的蟹味棒白色部分 20g）
裝　　飾	海苔、蕃茄醬

製作流程

1

取 3/4 張海苔，放上黃色醋飯 85g，捲成半圓柱形。

2

使用壽司竹簾，捏尖半圓柱形的其中一側末端，做出小鴨的身體。

3

取 1/2 張海苔，將圓柱形黃色醋飯 40g 放在中間，胡蘿蔔條切成約 10cm 長的三角形放上，當作小鴨的喙。

捲起海苔做出小鴨的頭，這邊要避免胡蘿蔔陷入醋飯太深，要保持好形狀。

15cm

取海苔 1 張與 1/4 張黏貼延長，將白色醋飯 60g 放在中間，均勻鋪成 15cm 寬。

將製作流程 5 放上竹簾握成 U 字形，中間放上製作流程 2 的小鴨身體，再放上製作流程 4 的小鴨頭部。

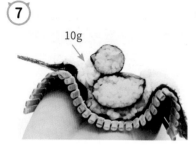

10g

小鴨喙一側放上白色醋飯 10g，固定身體和頭部。

15g

尾巴一側填上白色醋飯 15g 固定。

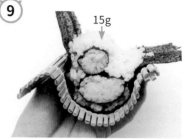

15g

在小鴨頭上放上剩下的白色醋飯 15g，仔細蓋好，直到看不到黑色海苔。

捲起海苔，用壽司竹簾再次定型。

劃出刀痕，切成五等分。

以海苔做出小鴨的眼睛，以竹籤沾取蕃茄醬點出腮紅，小鴨壽司就完成了！

貼心小祕訣

影片中食材分量會稍微調整，但做法大致相同，讀者們可以參考影片製作！另可依個人喜好加入不同食材做變化。

小雞壽司
Little Chicken Deco Sushi

唧唧啾啾，小雞剛從蛋裡醒來，
還沒有脫離蛋殼的樣子實在太可愛了。

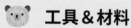
長 6cm × 寬 4cm

10g×3 個

40g 30g

40g

10g×3 個

海苔 1 張

1/4 張 | 1/4 張 | 1/8 張 | 1/8 張 | 1/8 張

工具　基本工具、保鮮膜、吸管 (直徑 0.5cm)、
　　　竹籤、海苔打洞器或小剪刀

白色蛋殼　70g (醋飯 50g、切碎的蟹味棒白色
　　　　　部分 20g)

黃色小雞　100g (醋飯 70g、切碎的蟹味棒白
　　　　　色部分 20g ＋切碎的醃黃蘿蔔片
　　　　　10g ＋芝麻油＋梔子醋)

裝　　飾　胡蘿蔔片、海苔

製作流程

1 取 1/4 張海苔,放上黃色醋飯 10g 捲成圓柱形。

2 將做好的製作流程 **1** 對半縱切,再切成五等分,做成小雞的翅膀。

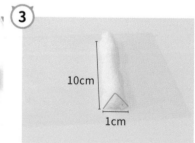

3 鋪上一層保鮮膜,放上白色醋飯 10g,做成長 10cm× 高 1cm 的山形。

④

取 1/8 張海苔，沿長邊對摺，貼在製作流程 3 的山形醋飯上。以同樣的方法做出三條並排。

⑤

4cm

取海苔 1 張與 1/4 張黏貼延長，將白色醋飯 40g 放在中間，均勻鋪成 4cm 寬。

⑥

中間放上製作流程 4 的三條山形醋飯。

⑦

10g 10g

在三條醋飯之間放上黃色醋飯各 10g，填滿凹槽鋪平。

⑧

再放上 40g 黃色醋飯均勻鋪平。

⑨

將剩下的黃色醋飯 30g 做成圓柱形，放在醋飯正中間。

⑩

包起海苔做成小雞的外型，用壽司竹簾再次定型。

⑪

以刀背輕壓凹陷處，讓小雞造型看起來更明顯，劃出刀痕，切成五等分。

⑫

將製作流程 2 的小雞翅膀黏貼至左右凹陷處。

⑬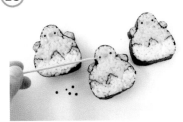

以直徑 0.5cm 的吸管戳取胡蘿蔔片，做成小雞的喙，再以海苔做出眼睛，小雞壽司就完成了！

貼心小祕訣

影片中食材分量會稍微調整，但做法大致相同，讀者們可以參考影片製作！另可依個人喜好加入不同食材做變化。

雲朵壽司
Cloud Deco Sushi

看著漂浮於藍天中的鬆軟白色雲朵，
今天是出門玩的好天氣呀！

工具&材料

長 4.5cm × 寬 6cm

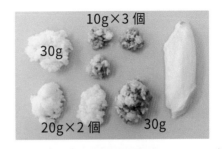

10g×3 個

30g

20g×2 個

30g

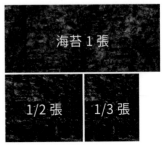

海苔 1 張

1/2 張 1/3 張

工具　基本工具、吸管（直徑 0.3cm）、鑷子、海苔打洞器或小剪刀

白色雲朵　醋飯 70g、蟹味棒的白色部分 40g
藍色天空　60g（醋飯 60g ＋藍梔子醋）
裝　　飾　海苔、胡蘿蔔片

製作流程

①

取 1/3 張海苔，放上白色醋飯 20g 捲成圓柱形。

②

取 1/2 張海苔，放上白色醋飯 30g 捲成圓柱形。

③

將製作流程 1、製作流程 2 對半縱切。

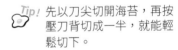
Tip! 先以刀尖切開海苔，再按壓刀背切成一半，就能輕鬆切下。

4

40cm

取海苔 1 張，將蟹味棒的白色部分放在中間，用手輕輕剝開，鋪成 4cm 寬。

5

放上白色醋飯20g均勻鋪開。

6

將製作流程 3 中兩條切好的醋飯條（20g 對半切的）貼在右邊，兩條 30g 對半切的則貼在左邊。

7

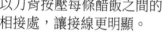

以刀背按壓每條醋飯之間的相接處，讓接線更明顯。

8

10g　　10g　　10g

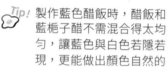

醋飯條之間各放上藍色醋飯 10g，固定雲朵的形狀。

Tip! 製作藍色醋飯時，醋飯和藍梔子醋不需混合得太均勻，讓藍色與白色若隱若現，更能做出顏色自然的天空。

9

放上藍色醋飯 30g，均勻鋪開成橢圓形。

10

捲起海苔，用壽司竹簾再次定型。

11

劃出刀痕，均勻切成五等分。

12

以海苔製作眼睛、嘴巴，以直徑 0.3cm 的吸管戳取胡蘿蔔片，點上腮紅，雲朵壽司就完成了！

蝴蝶結壽司
Ribbon Deco Sushi

———

因小巧玲瓏的外形廣受女孩們歡迎的蝴蝶結壽司，
運用各種顏色來製作，成品一定會更可愛！

🐻 工具＆材料

長 4cm × 寬 3.5cm

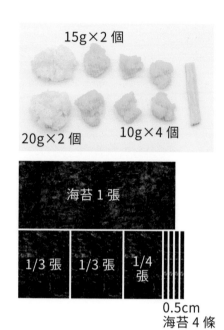

15g×2 個

20g×2 個　　　　10g×4 個

海苔 1 張

1/3 張　　1/3 張　　1/4 張

0.5cm
海苔 4 條

工具　基本工具

蝴蝶結綁帶	玉子燒（寬 0.5cm× 厚 1cm× 長 10cm）1 條
黃色蝴蝶結	70g（醋飯 50g ＋切碎的玉子燒 20g ＋梔子醋）
白色背景	40g（醋飯 20g ＋切碎的蟹味棒白色部分 20g）

🐻 製作流程

1 取 1/3 張海苔，將黃色醋飯 15g 放在中間，做成三角形。

2 取寬 0.5cm 的海苔貼在三角形兩側。

3 左側貼上黃色醋飯 10g。

10g

④

右側也貼上黃色醋飯 10g。可以想成要蓋住製作流程 **2** 中貼好的 0.5cm 寬海苔。

⑤

摺起兩邊的海苔做出梯形，梯形底部為 2cm 寬。

⑥

以同樣的方法再做出一條，一共需要兩條。

⑦

玉子燒切成寬 0.5cm× 厚 1cm× 長 10cm 大小，以 1/4 張海苔捲起。

⑧

組合製作流程 **6**、製作流程 **7**，做出蝴蝶結的形狀。

⑨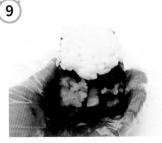

取白色醋飯 20g 放在蝴蝶結上，固定好形狀。

⑩

上下翻面，另一面也放上白色醋飯 20g 固定，再次將整體形狀塑形為四角形。

⑪

取海苔 1 張，放上製作流程 **10** 後轉一圈包起，切除多餘的海苔。務必要維持好四角形。

⑫

劃出刀痕後切成五等分，蝴蝶結壽司就完成了！

襯衫壽司
Shirt Deco Sushi

白色襯衫加粉紅色領帶，爸爸總是為了我們認真工作，
讓我們一起來做襯衫壽司送給爸爸！

🐻 工具&材料

長 5cm × 寬 4cm

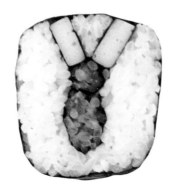

40g×2 個

20g

5g

15g

10g×3 個

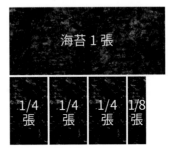

海苔 1 張

| 1/4 張 | 1/4 張 | 1/4 張 | 1/8 張 |

工具　基本工具

襯衫領口	白色魚板（寬 1.5cm× 厚 0.5cm× 長 10cm）2 條
白色襯衫	130g（醋飯 100g ＋切碎的蟹味棒白色部分 20g ＋切碎的醃白蘿蔔片 10g）
粉紅色領帶	20g（醋飯 20g ＋梔子醋）

🐻 製作流程

①

②

6cm

③

將白色魚板切成寬 1.5cm×
厚 0.5cm× 長 10cm 大小，
一共需要兩條，以 1/4 張海
苔捲起，做成襯衫領口

 Tip! 如果沒有白色魚板，也可
以重疊白色起司後使用。

取海苔 1 張，將白色醋飯
10g 放在中間，做成寬 1cm
的山形。

保持白色醋飯的山形，貼上
製作流程 **1** 的兩條領口。

4

襯衫領口兩側各貼上白色醋飯10g，鋪成1cm寬固定好。

5

取1/8張海苔，放上粉紅色醋飯5g捲成圓柱形。

6

取1/4張海苔，放上粉紅色醋飯15g鋪平至海苔一半大小，對摺海苔，做出水滴形的領帶。

7

在製作流程4的襯衫領口之間，按順序放上製作流程5、製作流程6的領帶。

8

一手托著領帶部分使其不要倒下，在左邊貼上白色醋飯40g。

9

右邊也貼上白色醋飯40g。

10

將剩下的白色醋飯20g放到最上方，蓋住海苔，做出四角形。

11

捲起海苔成四角形，用壽司竹簾再次固定形狀。

12

劃出刀痕後切成五等分，襯衫壽司就完成了！

罩衫壽司
Blouse Deco Sushi

充滿魅力的粉嫩粉紅色罩衫壽司，
和 p.62 表情壽司擺在一起，更有趣、可愛。

🐻 工具＆材料

長 5cm × 寬 4cm

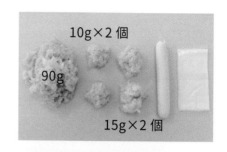

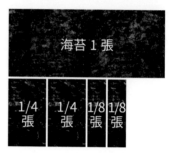

工具　基本工具、吸管（直徑 0.5cm）

衣領＆袖口	魚肉腸（直徑 1cm）1 根、起司片 1/2 片
粉紅色衣服	140g（醋飯 110g ＋切碎的蟹味棒白色部分 30g ＋甜菜根醋）
裝　　飾	起司片

🐻 製作流程

①

魚肉腸對半縱切。

②

取 1/4 張海苔兩張包住切好的魚肉腸，當作衣領。

③

取 1 張海苔，將製作流程 2 的魚肉腸衣領放在中間，並排擺放。

④
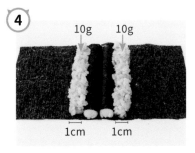
衣領兩旁各放上粉紅色醋飯 10g，鋪成 1cm 寬，當作上衣的肩膀部分。

⑤

將粉紅色醋飯 90g 放在魚肉腸衣領上，堆成 3cm 寬的四角形。

⑥

取 1/8 張海苔兩張，貼在製作流程 5 的四角形兩側。

⑦

1/8 張海苔兩側各再貼上粉紅色醋飯 15g，做成袖子。

⑧

將起司片切成 1cm 寬，備妥兩片。

⑨

在製作流程 7 中做好的袖子上，放上切好的起司片，做出袖口。

⑩

保持衣服的形狀捲起海苔，再以壽司竹簾定型一次。

⑪

劃出刀痕，切成五等分。

⑫

以直徑 0.5cm 的吸管戳取起司片，做出鈕釦後貼上，罩衫壽司就完成了！

聖誕老公公壽司
Santa Claus Deco Sushi

Merry Christmas！聖誕節快樂～～
今年有乖乖聽爸媽的話，聖誕老公公會送我很棒的禮物吧？

 工具＆材料

長 6cm × 寬 4cm

50g

30g　35g

海苔 1 張　　1/3 張

工具　基本工具、吸管（直徑 0.5cm）、竹籤、海苔打洞器或小剪刀

白色鬍子　50g（醋飯 40g ＋切碎的蟹味棒白色部分 10g）
黃色臉部　35g（醋飯 35g ＋咖哩粉＋梔子醋）
紅色帽子　30g（醋飯 30g ＋甜菜根醋）、起司片 1 片、魚肉腸 1 條
裝　　飾　海苔、胡蘿蔔片

①

取海苔 1 張,將白色醋飯 50g 放在中間,均勻鋪成 4cm 寬。

②

以手指輕壓白色醋飯中間,做出一條凹槽。

③

取黃色醋飯 35g 整成橢圓形,然後放在製作流程 1 的凹槽中。

④

起司片按三等分摺疊好,以 1/3 張海苔捲起。

⑤

將做好的製作流程 4 放在黃色醋飯的上面。

⑥

取紅色醋飯 30g 做成三角形,放在起司片上,再放上一根魚肉腸。

⑦

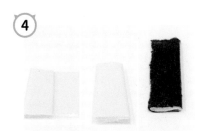

先拉起右側海苔貼好,順勢讓醋飯往左邊倒,保持造型捲好海苔。

⑧

用壽司竹簾再次定型。

⑨

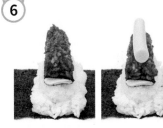

劃出刀痕,切成五等分。

⑩

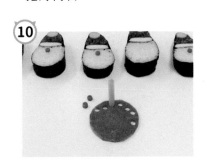

以直徑 0.5cm 的吸管戳取胡蘿蔔片,做成鼻子,再以海苔做成眼睛、嘴巴,聖誕老公公壽司就完成了!

雪人壽司

Snowman Deco Sushi

雪人，是每當下雪就會想起的朋友。
只能在冬天短暫相會，見面時格外開心，現在就來製作雪人壽司吧！

工具&材料

長 6cm × 寬 5cm

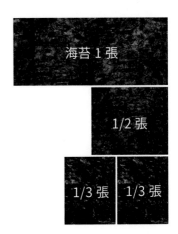

10g×4 個

60g

35g

20g×2 個

海苔 1 張

1/2 張

1/3 張　1/3 張

工具	基本工具、養樂多吸管（直徑 0.2cm）竹籤、鑷子、海苔打洞器、剪刀
白色的雪	175g（醋飯 145g ＋切碎的蟹味棒白色部分 30g）
帽　子	玉子燒（梯形：下 2cm× 上 1.5cm× 高 1cm× 長 10cm）1 條
裝　飾	海苔、胡蘿蔔片、昆布

製作流程

①

取 1/3 張海苔，放上白色醋飯 20g 捲成圓柱形，做成雪人的臉。

②

取 1/2 張海苔，放上白色醋飯 35g 捲成圓柱形後，與製作流程 1 組合成雪人的形狀。

③

1.5cm
1cm
2cm

玉子燒切成梯形，以 1/3 張海苔包起，做成帽子。

④

10cm

取海苔 1 張，將白色醋飯 60g 放在中間，均勻鋪成 10cm 寬。

⑤

在白色醋飯的中間放上製作流程 2 的雪人。

⑥

10g   10g

取白色醋飯各 10g 貼在雪人左右兩側，固定好接縫處，保持雪人的形狀。

⑦

10g   10g

將製作流程 6 放上壽司竹簾握成 U 字形，將玉子燒帽子放在雪人頭上，兩側各以白色醋飯 10g 固定住帽子。

⑧

以剩下的白色醋飯 20g 蓋上帽子，包起海苔捲成圓柱形，用壽司竹簾再次定型。

⑨

劃出刀痕，切成五等分。

⑩

將昆布稍微以水泡軟，用剪刀剪成雪人的手。

Tip! 昆布如果泡水泡太久會漲得太大且黏，就無法使用了，所以在水中泡一下（稍微沾水）就拿起，等變得柔軟再使用即可。

⑪

以直徑 0.2cm 的養樂多吸管戳取胡蘿蔔片，做成雪人的鼻子。

⑫

剩下的胡蘿蔔片切細絲，做成雪人的圍巾，再以海苔做出眼睛、嘴巴、鈕釦，雪人壽司就完成了！

胖胖聖誕老人壽司
Fat Santa Claus Deco Sushi

這款壽司比 p.110 的聖誕老公公壽司多了點細節設計，
蓬蓬鬆鬆的白鬍子是一大特色。

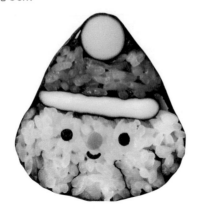

🐻 工具&材料

長 5cm × 寬 5cm

10g×5 個

30g

30g

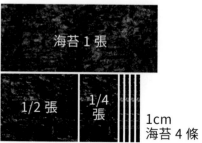

海苔 1 張

1/2 張

1/4 張

1cm 海苔 4 條

工具　基本工具、竹籤、吸管（直徑 0.5cm）、海苔打洞器或小剪刀

紅色帽子　30g（醋飯 20g ＋切碎的蟹味棒白色部分 10g ＋甜菜根醋）、起司片 1 片、魚肉腸 1 條
黃色臉部　30g（醋飯 30g ＋梔子醋）
白色鬍子　50g
裝　　飾　海苔、胡蘿蔔片

🐻 製作流程

① 以 1/4 張海苔捲起魚肉腸，就能做出聖誕老人帽子上的鈴鐺。

② 將起司片對摺，以 1/2 張海苔捲起，做成聖誕老人帽子的毛邊。

③ 取海苔 1 張，將白色醋飯 10g 放在中間，鋪成 1cm 寬。

1cm

④

在白色醋飯兩側，各貼上一張寬 1cm 的海苔。

⑤

在製作流程 4 的海苔旁各放上白色醋飯 10g，然後鋪成 1cm 寬。

⑥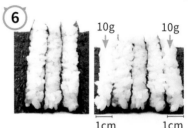

再次於兩側各貼上寬 1cm 的海苔，兩側再放上白色醋飯各 10g，一樣鋪成 1cm 寬，做成聖誕老人的鬍鬚。

⑦

取黃色醋飯 30g 做成 3cm 寬的橢圓形，放在白色鬍鬚上，做成聖誕老人的臉。

⑧

擺上製作流程 2 的聖誕老人帽子毛邊起司。

⑨

取紅色醋飯 30g 做成三角形，放在起司片上，然後再放上製作流程 1 的帽子鈴鐺魚肉腸。

⑩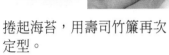

捲起海苔，用壽司竹簾再次定型。

⑪

劃出刀痕，切成五等分。

⑫

以直徑 0.5cm 的吸管戳取胡蘿蔔片做成鼻子，再以海苔做出眼睛、嘴巴，胖胖聖誕老人壽司就完成了！

Part
3 高手
挑戰

汽車壽司
Car Deco Sushi

噗嚕噗嚕，一起開車去玩吧？
記得要遵守交通規則，安全駕駛。

工具 & 材料

長 4cm × 寬 6cm

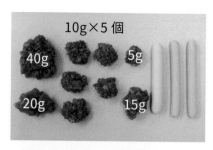

10g×5 個

40g　5g

20g　15g

海苔 1 張

| 1/4 張 | 1/4 張 | 1/4 張 | 1/4 張 |

工具　基本工具

車　　輪　　魚肉腸（直徑 1.2cm）2 條
車　　窗　　魚肉腸（直徑 1.5cm）1 條
紅色車身　　130g（醋飯 90g ＋紅色魚卵 20g
　　　　　　＋切碎的蟹肉棒 20g ＋梔子醋）

製作流程

1

以 1/4 張海苔兩張分別包住
直徑 1.2cm 的魚肉腸，做
成汽車輪胎。

2

直徑 1.5cm 的魚肉腸切成
四等分，只使用其中 2 塊。

3

以 1/4 張海苔兩張各包住製
作流程 2 的魚肉腸，剪掉多
餘的海苔，做成汽車車窗。

④

取海苔 1 張，將紅色醋飯 10g 放在中間，鋪成1cm 寬。

⑤

兩側放上製作流程 **1** 的汽車輪胎。

⑥

10g　　　10g

1cm　　　1cm

輪胎兩側各放上紅色醋飯 10g，鋪成 1cm 寬。

⑦

7cm

放上紅色醋飯 40g，鋪成 7cm 寬的四角形。想成是 用紅色醋飯蓋住製作流程 **6** 的輪胎，更易懂、好做。

⑧

3cm

將紅色醋飯 20g 放在中間， 做成 3cm 寬的四角形。

⑨

5g

將製作流程 **3** 的汽車車窗放 在製作流程 **8** 的醋飯上， 兩條車窗之間填入紅色醋飯 5g 固定。

⑩

15g

10g　　10g

車窗兩旁各貼上紅色醋飯 10g，最上方蓋上紅色醋飯 15g，做出汽車的形狀。

⑪

一邊想像汽車的曲線，一邊 包起海苔，以壽司竹簾再次 塑形。

⑫

劃出刀痕後切成五等分，汽 車壽司就完成了！

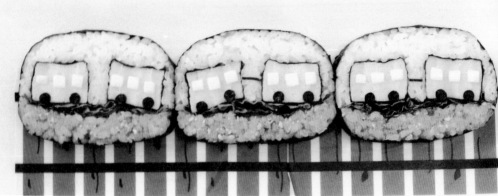

火車壽司
Train Deco Sushi

將幾個壽司連在一起，
就是一列可愛的火車，
搭乘火車四處旅行，
享受悠閒的時光。

 工具&材料

長 4cm× 寬 7cm

10g×3 個

70g

60g

工具　基本工具、竹籤、鑷子、海苔打洞
器或小剪刀

黃色火車　玉子燒（寬2.5cm×厚1.5cm×
長 10cm ）2 條
白色天空　90g
棕色地面　70g（糯糙米醋飯 50g ＋白芝
麻粉 15g ＋鰹魚粉 5g）
裝　　飾　生菜 1 片、起司片、海苔

海苔 1 張

1/2 張　　1/2 張　　1/3 張

🐻 製作流程

①

玉子燒切成寬 2.5cm× 厚 1.5cm× 長 10cm 大小後，以 1/2 張海苔包起。共需準備 2 條。

②

取海苔 1 張和 1/3 張黏貼，延長海苔的長度。

③

在延長後的海苔中間，放上棕色醋飯 70g，再均勻鋪成 7cm 寬。

④

取裝飾用的生菜 1 片，蓋在棕色醋飯上面。

⑤

將製作流程 **1** 中做好的兩條玉子燒放在生菜上，做成兩節火車車廂。玉子燒之間放入白色醋飯 10g，固定好兩節車廂。

⑥

在玉子燒火車兩側，各貼上白色醋飯 10g 固定。

⑦

取白色醋飯 60g 蓋在最上方，做成四角形。

⑧

捲起海苔後，以壽司竹簾再次塑形為四角形。

⑨

劃出刀痕，切成五等分。

⑩

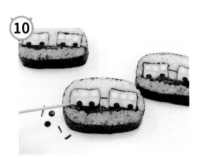

起司片切成 0.5cm×0.5cm 大小，裝飾成車窗。最後用海苔做好火車車輪，以竹籤放上，火車壽司就完成囉！

櫻花樹壽司
Cherry Blossom Trees Deco Sushi

櫻花盛開的櫻花樹壽司，
自然的漸層是這款造型壽司的亮點！既美觀又好吃！

🐻 工具&材料

長 4.5cm × 寬 6cm

40g

50g

10g×2 個

海苔 1 張

| 1/3 張 | 1/6 張 | 1/6 張 | 1/4 張 |

工具　基本工具

白 色 背 景	蟹味棒 2 條（50g）
樹　　　　幹	醬油醃蘿蔔（厚 2cm× 長 10cm）3 塊、（厚 0.5cm× 長 10cm）2 塊
綠 色 草 地	20g（醋飯 20g ＋菠菜粉＋海苔粉）
淡粉紅色花瓣	40g（醋飯 40g ＋甜菜根醋）
深粉紅色花瓣	50g（醋飯 50g ＋甜菜根醋）

🐻 製作流程

1

蟹味棒剝除紅色部分，只使用白色部分，稍微以手輕壓剝散。

2

取 3 塊醬油醃蘿蔔切成厚 2cm× 長 10cm，3 塊疊在一起，以 1/3 張海苔包起，做成櫻花樹的樹幹。

3

取 2 塊醬油醃蘿蔔切成厚 0.5cm× 長 10cm， 各 以 1/6 張海苔包起，做成櫻花樹的樹枝。

4

取海苔 1 張與 1/4 張海苔黏貼延長。

5

延長好的海苔中間黏上一顆飯粒，揉開，放上製作流程 **2** 的櫻花樹樹幹立好。

Tip! 在中間揉碎飯粒，飯粒可發揮黏合劑的作用，就能輕鬆地立起樹幹。

6

10g 10g

2cm   2cm

樹幹兩側各放上綠色醋飯 10g，鋪成 2cm 寬。

7

20g   30g

放上製作流程 **1** 剝散的蟹味棒白色部分，左側放 20g，右側放 30g。

8

將製作流程 **3** 的樹枝斜斜地放上蟹味棒。

9

取淡粉紅色醋飯 40g 蓋住樹幹和蟹味棒，上面再均勻鋪上深粉紅色醋飯 50g。

10

捲起海苔，用壽司竹簾再次塑形。

11

劃出刀痕後切成五等分，櫻花樹壽司就完成了！

貼心小祕訣

影片中食材分量會稍微調整，但做法大致相同，讀者們可以參考影片製作！另可依個人喜好加入不同食材做變化。

 TIP!
貼心小祕訣

也可以改變樹葉的顏色，做成各式各樣的樹景。

蘋果樹   銀杏樹

啤酒壽司
Beer Deco Sushi

———

金黃色杯子裡裝滿了白色泡沫的啤酒壽司，
這個啤酒喝了也不會醉，和孩子們一起吃最棒！

長 6cm × 寬 5cm

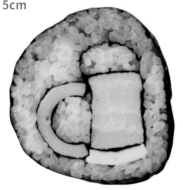

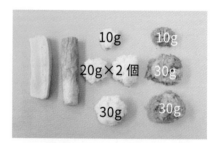

工具　基本工具

啤 酒 杯	玉子燒（寬 2cm× 厚 3cm×長 10cm）1 條、豆竹輪 1 根、起司片 1 片
白色背景	80g（醋飯 50g ＋切碎的蟹味棒白色部分 20g ＋切碎的醃白蘿蔔片 10g）
藍色背景	70g（醋飯 50g ＋切碎的蟹味棒白色部分 20g ＋藍梔子醋）

海苔 1 張 | 1/3 張
1/2 張 | 1/2 張 | 1/4 張

製作流程

1

將玉子燒切成寬 2cm× 厚 3cm× 長 10cm 大小，以 1/2 張海苔捲起，做成啤酒杯。

2

取中空的豆竹輪切下 1/3 左右。

3

切下的豆竹輪中取較大的部分，以 1/2 張海苔包起，此時豆竹輪的內側也要仔細包好海苔。

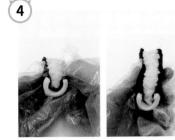

④ 豆竹輪內側填入白色醋飯 10g，做出啤酒杯的把手。

⑤ 取 1/3 張海苔，放上白色醋飯 20g，捲成橢圓柱形的啤酒泡沫。

⑥ 將起司片切成四等分，取其中 2 片重疊，貼在製作流程 **1** 的啤酒杯下方。

⑦ 將製作流程 **4** 的啤酒把手與製作流程 **5** 的啤酒泡沫黏上玉子燒，做成啤酒杯的形狀。把手與泡沫之間，黏上白色醋飯 20g 固定。

⑧ 取海苔 1 張與 1/4 張黏貼延長，將藍色醋飯 30g 放在中間，均勻鋪成 6cm 寬。

Tip! 製作藍色醋飯時，醋飯和藍梔子醋不需混合得太均勻，讓藍色與白色若隱若現地呈現，就能做出自然的藍色。

⑨ 取白色醋飯 30g 分成兩半，放在藍色醋飯左右兩側，均勻鋪開成 2cm 寬。

⑩ 再取藍色醋飯 30g 分成兩半，放在白色醋飯左右兩側，均勻鋪開成 2cm 寬。

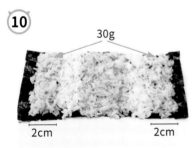

⑪ 將製作流程 **7** 放在正中央的藍色醋飯上，再以壽司竹簾做出 U 字形。

⑫ 取藍色醋飯 10g 蓋在啤酒泡沫上，然後用壽司竹簾捲起海苔。

⑬

劃出刀痕後切成五等分，啤酒壽司就完成了！

貼心小祕訣

影片中食材分量會稍微調整，但做法大致相同，讀者們可以參考影片製作！另可依個人喜好加入不同食材做變化。

乾杯！壽司
Cheers Deco Sushi

大家邊喝啤酒邊聊天，時間一下子就過去了，
今天和朋友們來一杯啤酒如何？乾杯！

工具&材料

長 6cm × 寬 6cm

10g×2 個

30g

15g

30g

30g×3 個

海苔 1 張 | 1/3 張

1/2 張 | 1/4 張 | 1/4 張 | 1/3 張

2/3 張 | 2/3 張

工具　基本工具、竹籤、吸管（直徑 0.5cm）、海苔打洞器、剪刀

啤 酒 杯	玉子燒（寬 2cm× 厚 2.5cm× 長 10cm）1 條、起司片 1 片
魚板身體	白色魚板 1/2 塊
白色臉部	45g
黑色頭髮	30g（醋飯 20g ＋海苔酥 10g）
粉紅色背景	110g（醋飯 70g ＋切碎的蟹味棒白色部分 40g ＋甜菜根醋）
裝　　飾	海苔、胡蘿蔔片

製作流程

①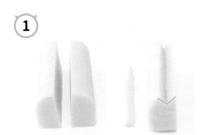

白色魚板切成一半後，上方切出一個 V 字形。

②

取 2/3 張海苔包住較大塊的魚板，切出 V 字形的地方也要仔細以海苔包好。

③

切下的 V 字形放回包好海苔的大塊魚板凹槽內，做出身體。

4

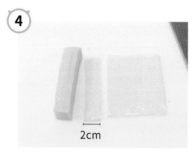

2cm

將起司片切成和玉子燒同寬
（2cm）。

5

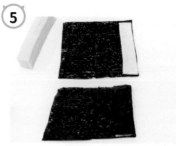

取 1/2 張海苔，在最右側放
上切好的起司片，然後往左
捲一圈。

6

將捲一圈海苔的起司片放在
玉子燒上，再繼續往左捲，
做成啤酒杯。

7

取 1/4 張海苔，放上白色醋
飯 15g 捲成橢圓柱形，當作
啤酒泡沫。

8

將製作流程 4 中切剩的起
司片對摺，稍微捏彎後，以
1/3 張海苔包起，之後當作
啤酒杯把手。

9

在把手的凹陷處填入粉紅色
醋飯 10g，再貼上製作流程
6 的啤酒杯。

10

10g

取製作流程 7 的啤酒泡沫放
在啤酒杯上，再貼上粉紅色
醋飯 10g 固定好。

11

4cm

取 2/3 張海苔，將黑色醋
飯 30g 放在中間，均勻鋪成
4cm 寬。

12

以壽司竹簾握成 U 字形，
取 1/4 張海苔蓋上黑色醋
飯，再放上白色醋飯 30g。

13

捲起海苔做成圓柱形,用竹簾再次塑形,做出臉部。

14

取海苔 1 張與 1/3 張黏貼延長,中間放上製作流程 3 的身體。

15

3cm

魚板身體右側放上粉紅色醋飯 30g,均勻鋪成 3cm 寬。

16

取製作流程 10 的啤酒杯放在粉紅色醋飯上,把手一側朝向身體。

17

30g

取製作流程 13 的臉部放在身體上,左側貼上粉紅色醋飯 30g 固定。

18

30g

臉部的右側也貼上粉紅色醋飯 30g 固定,捲起海苔做出四角形。

19

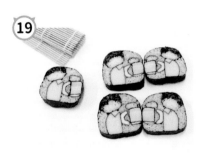

劃出刀痕,切成五等分。

20

以海苔做出眼睛、嘴巴,裝飾身體,以直徑 0.5cm 的吸管戳取胡蘿蔔片做成腮紅,乾杯!壽司就完成了!

貼心小祕訣

影片中食材分量會稍微調整,但做法大致相同,讀者們可以參考影片製作!另可依個人喜好加入不同食材做變化。

丸子頭壽司
High Bun Deco Sushi

做出一個圓圓的丸子頭，
往上扎和往兩邊扎的感覺不一樣喔！

🐻 工具＆材料

長 6cm × 寬 4cm

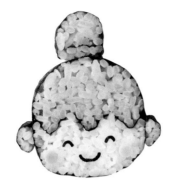

1.5cm
寬 1 條

海苔 1 張

1/4 張 | 1/4 張 | 1/8 張 | 1/8 張 | 1/8 張

工具　基本工具、保鮮膜、竹籤、吸管（直徑 0.5cm）、海苔打洞器或小剪刀

白色臉部　70g（醋飯 50g ＋切碎的醃白蘿蔔片 20g）

粉紅色頭髮　80g（醋飯 50g ＋切碎的蟹味棒白色部分 30g ＋甜菜根醋）

綠色髮帶　5g（醋飯 5g ＋菠菜粉）

裝　　飾　海苔、胡蘿蔔片、火腿片

🐻 製作流程

1

取 1/4 張海苔，放上白色醋飯 10g 捲成圓柱形。

2

將製作流程 **1** 縱向切開，再切成六等分，做成耳朵。

3

取寬 1.5cm 的海苔，放上綠色醋飯 5g 均勻鋪開。

4

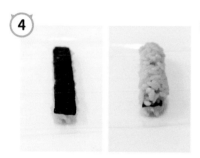

鋪上一層保鮮膜，將製作流程 3 翻面後放上，再放上粉紅色醋飯 10g，做出半圓形。

5

取 1/4 張海苔蓋上醋飯，以壽司竹簾捏出半圓形。

6

塑形好的製作流程 5 切成六等分，做成丸子頭。

7

鋪上一層保鮮膜，放上粉紅色醋飯 10g，做成長 10cm 的山形，取 1/8 張海苔沿長邊對摺後貼上。

8

10g 10g

以同樣的方法做出 3 條並排，在山形之間各填上白色醋飯 10g。

9

蓋上白色醋飯 40g 做出半圓形，蓋上海苔 1 張。

10

以壽司竹簾夾住醋飯後翻面，做出 U 字形，再放上粉紅色醋飯 40g，做出半圓形。

11

捲起海苔成圓形，以壽司竹簾再次塑形，做出臉部。

12

劃出刀痕，切成五等分。

13

在臉部貼上製作流程 2 的耳朵，以及製作流程 6 的丸子頭。

14

以海苔做出眼睛、嘴巴，以直徑 0.5cm 的吸管戳取胡蘿蔔片、火腿片，點上腮紅，丸子頭壽司就完成了！

滿月兔壽司
Moon Rabbit Deco Sushi

呦呼！兔子向圓圓的滿月打招呼。
向滿月許願，小兔子會實現你的願望喔！

長 5cm × 寬 7cm

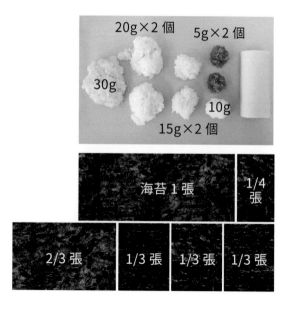

20g×2 個　　5g×2 個

30g

10g

15g×2 個

海苔 1 張　　1/4 張

2/3 張　　1/3 張　　1/3 張　　1/3 張

工具　基本工具、吸管（直徑 0.7cm、0.5cm）、竹籤、鑷子、剪刀

白 色 臉 部	圓形魚板（高 2cm × 長 10cm）1 根
白色兔子、背景	80g（醋飯 50g ＋切碎的蟹味棒白色部分 30g）
粉 紅 色 耳 朵	10g（醋飯 10g ＋甜菜根醋）
黃 色 月 亮	30g（醋飯 30g ＋梔子醋）
裝　　　　飾	海苔、火腿片

製作流程

1

取 1/4 張海苔，放上白色醋飯 10g 捲成圓柱形。

2

對半縱切，做成兔子的手。

3

2cm

將白色魚板切成 2cm 高，以 2/3 張海苔捲起，做成兔子的臉。

④ 取 1/3 張海苔，放上白色醋飯 15g 均勻鋪開。

⑤ 放上粉紅色醋飯 5g，只集中在一側，對半摺起海苔。

⑥ 以同樣的方法再做出一條，一共需要兩條，做成兔子的耳朵。

⑦ 取海苔 1 張與 1/3 張黏貼延長，中間放上製作流程 3 的兔子臉部，兩側放上製作流程 2 的兔子手。

⑧ 取製作流程 6 的兔子耳朵放上臉部，兩側各放上白色醋飯 20g，往上堆疊固定。

20g　　　20g

⑨ 取黃色醋飯 30g 蓋上整條醋飯，做出半圓形。

⑩ 捲起海苔，以壽司竹簾再次塑形。

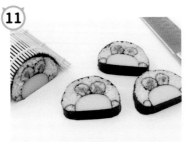

⑪ 劃出刀痕，切成五等分。

⑫ 以直徑 0.7cm 和 0.5cm 吸管戳取火腿片，做出鼻子、腮紅，再以海苔裝飾臉部，滿月兔壽司就完成了！

小狐狸艾迪壽司
Little Fox Eddy Deco Sushi

把孩童永遠的朋友艾迪做成造型壽司吧！
將最愛的角色做成可愛的壽司，孩子們一定很高興。

🐻 工具&材料

長 6cm × 寬 6cm

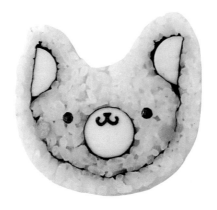

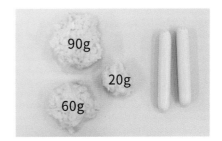

90g

20g

60g

海苔 1 張

1/3 張

工具　基本工具、保鮮膜、竹籤、吸管（直徑 0.5cm）、海苔打洞器或小剪刀

黃 色 臉 部　170g（醋飯 120g ＋切碎的玉子燒 20g ＋切碎的蟹味棒白色部分 20g ＋切碎的醃黃蘿蔔 10g ＋梔子醋）

耳朵&嘴巴　魚肉腸 2 條

裝　　　飾　海苔、胡蘿蔔片

🐻 製作流程

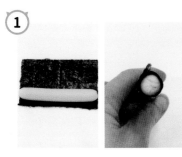

① 取 1/3 張海苔包起 1 條魚肉腸，用來製作嘴巴。

② 取海苔 1 張，放上黃色醋飯 90g 均勻鋪開。

③ 取保鮮膜蓋上醋飯，翻面使海苔朝上。

4

剩下的魚肉腸1根對半縱切，放在海苔兩側。

5

兩端的海苔往內反摺，蓋住魚肉腸，維持蓋住保鮮膜的狀態捲，會比較好捲。

6

20g

剝除上面的保鮮膜，中間空著的位置均勻鋪上黃色醋飯20g。

7

將製作流程 1 的魚肉腸放在中間。

8

取黃色醋飯 60g 蓋住魚肉腸，做出有起伏的山形。

9

以壽司竹簾握成 U 字形，稍微捲起醋飯。

10

蓋上保鮮膜，做出耳朵尖尖的樣子，然後用壽司竹簾再次塑形。

11

劃出刀痕，切成四等分。

Tip! 切壽司時維持包著保鮮膜的狀態，可以防止飯粒沾黏在壽司竹簾上。

12

以海苔裝飾眼睛、鼻子和嘴巴，以直徑 0.5cm 的吸管戳取胡蘿蔔片做成腮紅，小狐狸艾迪壽司就完成了！

Tip! 小狐狸艾迪（Eddy）是韓國卡通《淘氣小企鵝》（뽀롱뽀롱뽀로로）中的角色之一，是一隻聰明但有些固執的小狐狸。

貼心小祕訣

影片中食材分量會稍微調整，但做法大致相同，讀者們可以參考影片製作！另可依個人喜好加入不同食材做變化。

小小兵壽司

Minions Deco Sushi

喜愛追隨反派角色搗蛋的小小兵，
雖然說著大家都聽不懂的外星語，但這樣反而很可愛。

工具＆材料

長 6cm × 寬 4cm

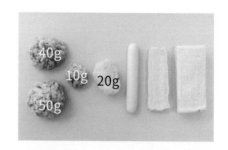

工具　基本工具、竹籤、吸管（直徑 0.5cm）、海苔打洞器、剪刀

小小兵眼鏡	魚肉腸 1 條
小小兵身體	玉子燒（寬 2cm× 厚 1cm× 長 10cm）1 條
小小兵臉部	玉子燒（寬 4cm× 厚 2cm× 長 10cm）1 條
黃 色 臉 部	20g（醋飯 20g ＋栀子醋）
藍 色 衣 服	100g（醋飯 100g ＋藍栀子醋）
裝　　　飾	海苔、胡蘿蔔片

製作流程

①

取 1/3 張海苔包起魚肉腸，用在小小兵的眼鏡。

②

取 寬 2cm× 厚 1cm× 長 10cm 的玉子燒對半縱切，各以 1/3 張海苔捲起，用在小小兵的身體。

③

4cm

取海苔 1 張與 1/4 張黏貼延長，將藍色醋飯 50g 放在中間，均勻鋪成 4cm 寬。

④

藍色醋飯兩端放上製作流程2的小小兵身體。

⑤

10g

玉子燒身體之間,填入藍色醋飯10g。

⑥

放上剩下的藍色醋飯40g,做成四角形,輕壓中央做出一道凹槽。

⑦

取1/2張海苔包住醋飯,把上半部的稜角摺起來,做出明顯的四角形。

⑧

放上寬4cm×厚2cm×長10cm大小的玉子燒,做成小小兵的臉。

⑨

放上黃色醋飯20g,做出小小兵臉部上方的圓弧形。

⑩

以海苔包起醋飯,用壽司竹簾再次塑形,劃出刀痕後切成五等分。

⑪
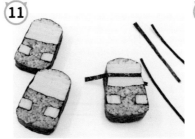

剪下寬0.5cm的裝飾用海苔數條,可以做成小小兵的眼鏡架。

⑫

將製作流程1切成厚0.5cm,放上眼鏡架,做出小小兵的眼鏡。

⑬

以海苔做出眼睛、嘴巴,以直徑0.5cm的吸管戳取胡蘿蔔片做出腮紅,小小兵壽司就完成了!

貼心小祕訣

影片中食材分量會稍微調整,但做法大致相同,讀者們可以參考影片製作!另可依個人喜好加入不同食材做變化。

卡通加州捲
Character California Roll

到目前為止做的都是漂亮切面的造型壽司，
現在要製作一條本身就是可愛角色的造型加州捲壽司吧！

🐻 工具&材料

長 10cm × 直徑 8cm

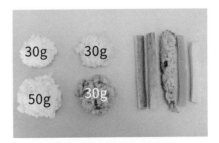

海苔 1 張

工具	基本工具、保鮮膜、竹籤、吸管（直徑 1cm、0.7cm）、海苔打洞器或小剪刀

白色醋飯　80g
黃色醋飯　30g（醋飯 30g ＋梔子醋）
粉紅色醋飯　30g（醋飯 30g ＋甜菜根醋）
內　　　餡　炸蝦、蟹味棒、小黃瓜、醃黃蘿蔔、玉子燒、魚肉腸
裝　　　飾　海苔、火腿片、胡蘿蔔片、魚肉腸

🐻 製作流程

① 取海苔 1 張橫放，海苔分成三等分，中間三分之一處放上白色醋飯 30g 均勻鋪開。

② 上方三分之一處放上黃色醋飯 30g、下方三分之一處放上粉紅色醋飯 30g，全部都均勻鋪開。

③ 取保鮮膜蓋上醋飯，將整面海苔翻面。

4 海苔背面放上白色醋飯 50g，均勻分散鋪開至整張海苔。

5 醋飯中間集中放上所有內餡。

Tip! 內餡可以選擇自己喜歡的各類食材搭配。

6 利用製作流程 3 中鋪好的保鮮膜，從右側慢慢捲起，握緊保鮮膜捲起，可以避免醋飯散掉。

7 固定好醋飯後解開保鮮膜，以直徑 1cm、0.7cm 的吸管戳取火腿片、胡蘿蔔片、魚肉腸等材料，裝飾壽司。

8 以海苔做出角色的眼睛、鼻子和嘴巴，卡通加州捲就完成了！

 TIP! 貼心小祕訣

切加州捲時，要在蓋著保鮮膜的狀態下，握住壽司竹簾切割。如果沒有蓋保鮮膜就切，飯粒會黏在竹簾上，壽司的形狀就毀掉了。

可以做出各種顏色的壽司，或應用在其他角色上，做出全新的加州捲。

聖誕加州捲

迪士尼加州捲

Hello Kitty 加州捲

Hello Kitty California Roll

試著做出不同角色的造型加州捲吧！
這次要使用模具製作，成品一樣獨特、可愛。

🐻 工具&材料

長 10cm × 直徑 8cm

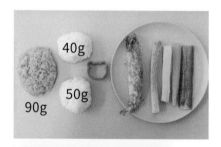

海苔 1 張

工具	基本工具、保鮮膜、桿麵棍、小熊模具、竹籤、吸管（直徑 0.7cm）、海苔打洞器或小剪刀

白色醋飯　　90g
粉紅色醋飯　90g（醋飯 90g ＋甜菜根醋）
內　　　餡　炸蝦、小黃瓜、玉子燒、醃黃蘿蔔、蟹味棒、魚肉腸
裝　　　飾　海苔、火腿片、胡蘿蔔片、煎蛋皮

🐻 製作流程

1

取海苔 1 張，蓋上保鮮膜，再放上粉紅色醋飯 90g，然後均勻鋪開至與海苔面積同大小。

2

粉紅色醋飯上再次蓋上保鮮膜，以桿麵棍桿平。

Tip! 以桿麵棍桿平，角色臉部會更光滑、平順。

3
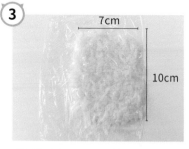
7cm

10cm

準備大約 20cm 的保鮮膜，一側放上白色醋飯 40g，鋪成 7cm×10cm，然後對摺保鮮膜。

Tip! 以竹筷壓住保鮮膜的兩側，固定好保鮮膜，鋪開飯時才不會滑動。

4

以擀麵棍擀平白色醋飯。

5

將兩面都有保鮮膜的粉紅色醋飯移到桌上，掀開粉紅、白色醋飯表面的保鮮膜，以小熊壓模分別壓出 4 個小熊印。

6

取出粉紅色壓模的小熊醋飯，填入白色壓模的小熊醋飯，完成圖案面。

7

取 1 張海苔，蓋在粉紅醋飯圖案面上（底部仍有一張保鮮膜），放上白色醋飯50g，均勻鋪開至整張海苔。

8

醋飯中間放上內餡。

Tip! 內餡可以選擇自己喜歡的各類食材搭配。

9

從右側慢慢捲起，握緊保鮮膜捲起，避免醋飯散掉。

10

固定好醋飯後解開保鮮膜，以火腿片、胡蘿蔔片和煎蛋皮等裝飾 Hello Kitty 的臉，以海苔做出眼睛、鬍鬚，Hello Kitty 加州捲就完成了！

貼心小祕訣

影片中食材分量會稍微調整，但做法大致相同，讀者們可以參考影片製作！另可依個人喜好加入不同食材做變化。

TIP!
貼心小祕訣

更換模具，或用不同的方法裝飾，就可以做出各式各樣的加州捲壽司。

| 麵包超人加州捲 | 小熊、小貓加州捲 |

藍色小精靈壽司

The Smurfs Deco Sushi

La la lala lala sing a happy song 〜♫
與藍色小精靈壽司一起去藍藍村玩吧!

🐻 工具&材料

長 7cm × 寬 6cm

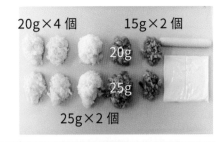

20g×4 個　　15g×2 個
20g
25g
25g×2 個

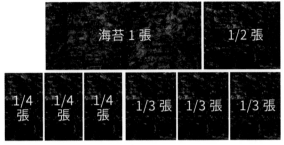

海苔 1 張	1/2 張

1/4 張	1/4 張	1/4 張	1/3 張	1/3 張	1/3 張

工具　基本工具、保鮮膜、竹籤、吸管（直徑 0.7cm、0.5cm）、海苔打洞器或小剪刀

小 精 靈 腰 帶	起司片 1 片
小 精 靈 鞋 子	魚肉腸 1 條
白 色 帽 子 & 腳	50g（醋飯 40g ＋切碎的蟹味棒白色部分 10g）
藍 色 臉 部 & 身 體	75g（醋飯 50g ＋切碎的蟹味棒白色部分 25g ＋藍梔子醋）
黃 色 背 景	80g（醋飯 40g ＋切碎的玉子燒 20g ＋切碎的醃黃蘿蔔片 20g ＋梔子醋）
裝 飾	裝飾：海苔、胡蘿蔔片、起司片

🐻 製作流程

①

取 1/4 張海苔，放上藍色醋飯 15g 鋪至一半面積，對摺海苔做成水滴形。以同樣的方法再做出一個，一共需要兩個，當作藍色小精靈的手。

② 取 1/2 張海苔，放上藍色醋飯 25g，捲成橢圓柱形，當作藍色小精靈的臉部。

③

取 1/3 張海苔，將白色醋飯 25g 放在中間後摺起海苔，海苔不需要包到最上面。

蓋上一層保鮮膜後翻面，以壽司竹簾塑形成三角形，當作藍色小精靈的帽子。

取海苔 1 張與 1/3 黏貼延長，魚肉腸對半縱切後放上，取 1/4 張海苔沿長邊對摺，插入魚肉腸之間。

25g 25g

取白色醋飯 25g，分成兩半後放在魚肉腸上面，鋪成與魚肉腸同寬、與海苔同高，當作藍色小精靈的腳。

起司片切三等分後摺疊，放到製作流程 6 上。

取 1/3 張海苔放上，兩側往下摺，做出腰和腳的線條。

20g 20g

兩側各貼上黃色醋飯 20g 至與起司片同高，再取藍色醋飯 20g 放在起司片上，做成山形。

在藍色醋飯兩側貼上製作流程 1 的小精靈雙手，中間放上製作流程 2 的小精靈臉部。

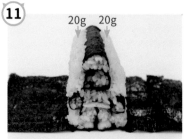

20g 20g

放上製作流程 4 的小精靈帽子，兩側各貼上黃色醋飯 20g，做出小精靈的形狀固定。

捲起海苔，用壽司竹簾做出圓圓的三角形，劃出刀痕後切成五等分。

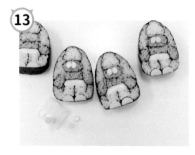

輕壓直徑 0.7cm 的吸管，使吸管變成橢圓形，戳取起司片做成小精靈的眼白。

以海苔做出瞳孔、嘴巴和眉毛，再以直徑 0.5cm 的吸管戳取胡蘿蔔片做出腮紅，壽司就完成了！

認識造型海苔飯捲的民間資格證

　　造型海苔飯捲資格證是由韓國藝術名人協會（한국예술명인협회）和國際食物藝術協會（국제푸드아트협회）主辦，並且由韓國職業能力開發院（한국직업능력개발원）頒發的民間資格證。從基礎到高級是按照 2 級→1 級→大師級講師的順序取得。成為講師後，就可以依造型海苔飯捲的專業講師身分授課。想更瞭解造型海苔飯捲資格證，可參照 p.157～158 的介紹。

> 在韓國造型海苔飯捲課程進修過程中，可獲得日本造型壽司協會主辦和發放的「造型壽司 2 級（デコ巻きずし 2 級）國際資格證」。

造型海苔飯捲 1 級／2 級／大師級講師資格證

日本造型壽司 1 級／2 級資格證

▶以下這些人可以嘗試考取造型海苔飯捲資格證：

+ 對料理或食物藝術感興趣的人
+ 想以此創業，或是成為食物藝術專業講師的人
+ 本身喜歡可愛東西的人
+ 想送給心愛的人自己特製便當的人
+ 想要擁有只屬於自己的「美食療癒法」的人
+ 擔心孩子偏食嚴重，想讓他們均衡飲食的人

造型海苔飯捲 2 級

◆ 審查標準

具備準專家水準的造型海苔飯捲活用能力，可以一般大衆爲對象，教授造型海苔飯捲入門課程，具有執行造型海苔飯捲相關作業的基本能力。

◆ 審查方法和審查科目

等級	審查方法	審查科目（範圍或領域）
2 級	教育進修	每週講課內容 第 1 週：掌握製作醋飯和造型飯捲的基本要訣 第 2 週：活用壽司竹簾製作出更多精巧的造型飯捲 第 3 週：活用多種材料製作色彩華麗的飯捲 第 4 週：打造屬於自己的造型飯捲
	實作 （12 種）	第 1 週：花朵飯捲、兔子飯捲、草莓飯捲 第 2 週：心形小熊飯捲、小小兵飯捲、玩偶小熊飯捲 第 3 週：糖果飯捲、聖誕老人飯捲、灰姑娘飯捲 第 4 週：企鵝飯捲、造型加州捲、少年少女飯捲

◆ 審查標準

具備專家水準的造型海苔飯捲活用能力，可以一般大眾爲對象進行造型海苔飯捲高級課程，並審查其做爲造型海苔飯捲相關作業負責人應具備的能力。

◆ 審查方法和審查科目

等級	審查方法	審查科目（範圍或領域）
1 級	應試資格	已取得韓國造型海苔飯捲 2 級資格證者
	教育進修	＊以 2 週課程進行授課 ＊以 2 級學習的基本技術爲基礎，學習講述故事的造型飯捲
	實作 （8 種）	第 1 週：聖誕老人與包裹飯捲、科學怪人飯捲、薰衣草飯捲、消防車飯捲 第 2 週：鮮奶油蛋糕飯捲、櫻花樹飯捲、一杯啤酒飯捲、法國鬥牛犬飯捲

造型海苔飯捲大師級講師

◆ 審查標準

以高級專家水準的卓越造型海苔飯捲創作能力爲基礎，審查其培養專業講師／開發作品／審查營運的能力。

等級	審查方法	審查科目（範圍或領域）
大師級	應試資格	已取得韓國造型海苔飯捲 1 級資格證者
	實作	50 種審查項目中任選 2 項審查

作品欣賞

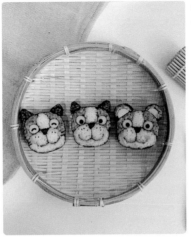

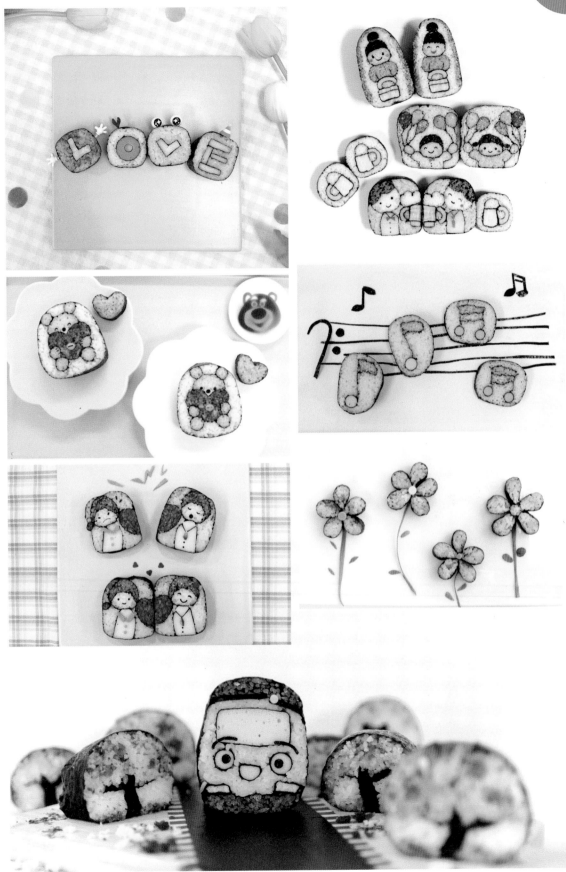

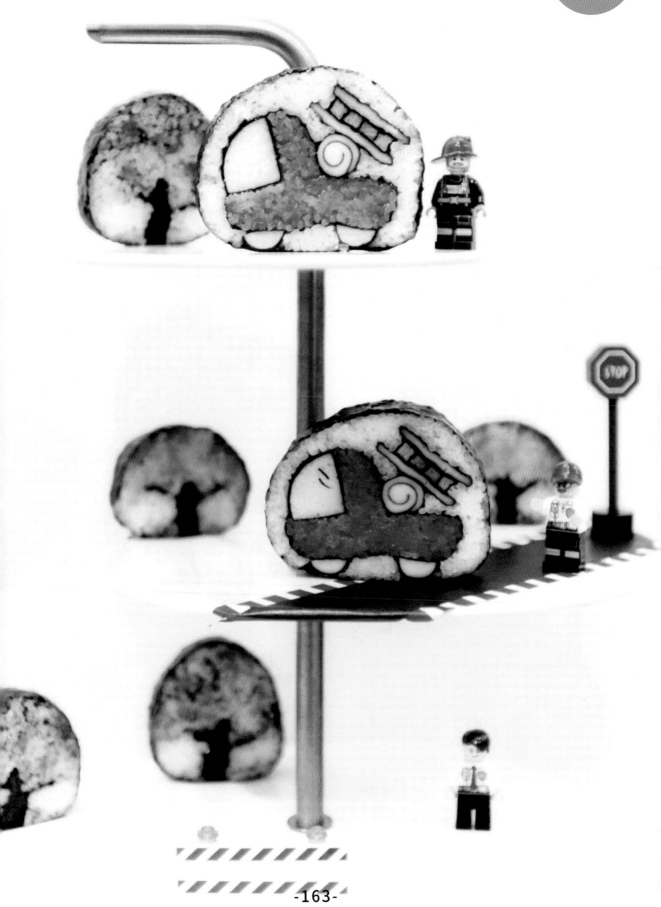

Cook50219

韓國專業講師親授！可愛造型壽司
從基礎圖案到複雜人物，專業圖文詳述技法，
手不巧也能學會

作者｜李連華 Koya
翻譯｜高毓婷
美術設計｜許維玲
編輯｜彭文怡
校對｜翔縈
企畫統籌｜李橘
總編輯｜莫少閒
出版者｜朱雀文化事業有限公司
地址｜台北市基隆路二段 13-1 號 3 樓
電話｜02-2345-3868
傳真｜02-2345-3828
劃撥帳號｜19234566 朱雀文化事業有限公司
e-mail｜redbook@hibox.biz
網址｜http://redbook.com.tw
總經銷｜大和書報圖書股份有限公司 (02)8990-2588
ISBN｜978-626-7064-05-4
初版一刷｜2022.02
定價｜450 元
出版登記 北市業字第 1403 號

國家圖書館出版品預行編目

韓國專業講師親授！可愛造型壽司：
從基礎圖案到複雜人物，專業圖文詳
述技法，手不巧也能學會 / 李連華
Koya著--初版.--台北市：
朱雀文化，2022.02
面：公分（Cook50：219）
ISBN 978-626-7064-05-4（平裝）
1.食譜

427.12